U0052089

360°都可愛の
羊毛氈小寵物

須佐沙知子 ◎著

CONTENTS

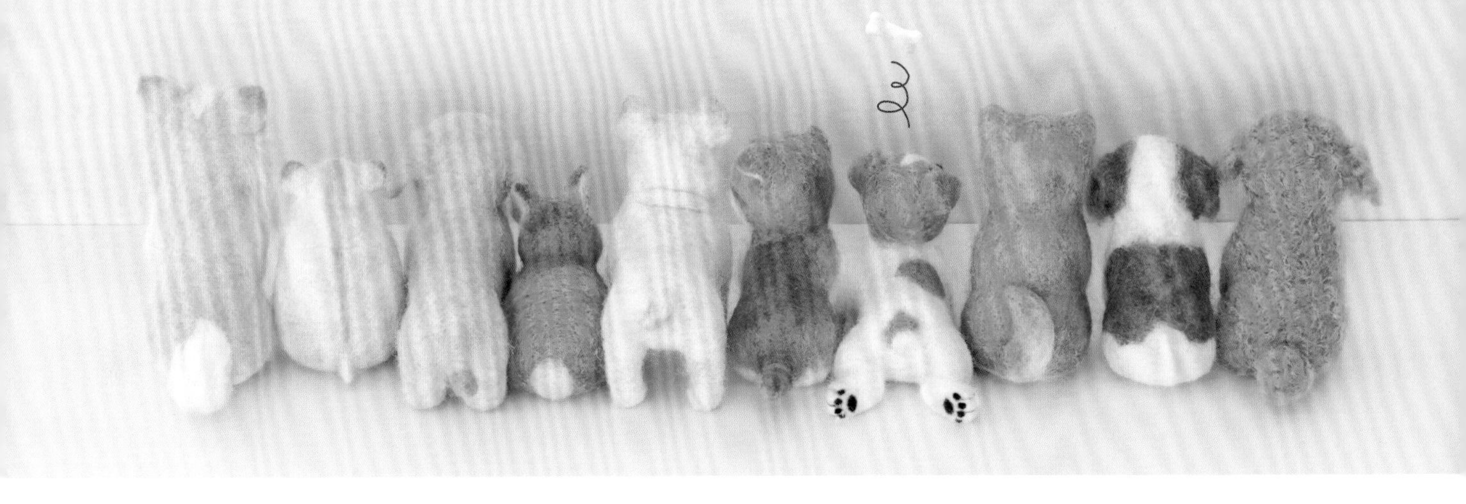

CONTENTS

生活中與人類關係親密的動物，常見的有小狗、貓咪……等小動物，陪伴在你身邊的是什麼樣的寵物呢？

每天和這些愛撒嬌又療癒的小傢伙們一起生活，牠們可愛的模樣想必早已緊緊擄獲你的心。

一起來看看該如何利用羊毛氈作出這些可愛的動物們吧！只要是自己親手製作的作品，不論怎麼看都很可愛呢！

只要依照教學，就能將自家寵物作成迷你版的可愛羊毛氈。

不僅如此，還能隨心所欲地為牠加上項圈或小衣服。

小巧可愛的作品不管擺放在家中或隨身攜帶都很療癒呢！

作法說明頁皆有原寸正面圖。

表情＆植毛の方法也附有簡單易懂的圖文解說。

作品皆為手掌大小般容易掌握的尺寸。

別猶豫了！一起來體驗製作羊毛氈小寵物的樂趣吧！

須佐沙知子

本書使用HAMANAKAのFelt羊毛、羊毛氈專用戳針及手工藝配件。
工具、材料相關諮詢請洽HAMANAKA株式会社。

HAMANAKA株式会社

京都本社
〒616-8585　京都市右京区花園薮ノ下町2番地の3
東京支店
〒103-0007　東京都中央区日本橋浜町1丁目11番10号
http://www.hamanaka.co.jp　info@hamanaka.co.jp

柴犬

Shiba Inu

日本小型犬——柴犬，
豎起的耳朵、捲曲的尾巴，
以及健壯勻稱的體型都是典型的招牌特徵。
不論是吐舌賣萌的茶色柴犬，
還是表情認真的黑色柴犬都讓人愛不釋手。
茶色的吐舌柴犬作法，可參見詳細的步驟圖文解說。

茶色柴犬　作法 ➜ P.34
黑色柴犬　作法 ➜ P.42

親子吉娃娃

Chihuahua

世界上最小的犬種——吉娃娃，
特徵為圓滾滾的大眼睛與尖耳朵。
成犬的製作重點在於善用植毛技巧。
將臉部兩側、胸口和尾巴加上蓬鬆柔順的長毛吧！

吉娃娃幼犬　作法 ➜ P.46
吉娃娃成犬　作法 ➜ P.48

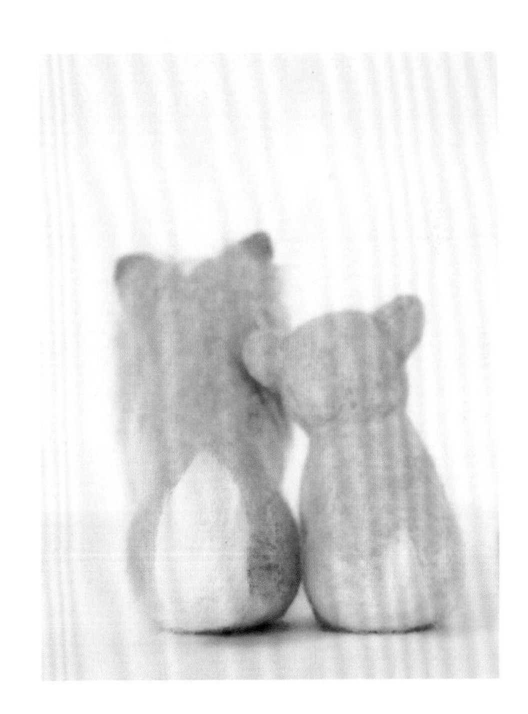

紅貴賓

Toy Poodle

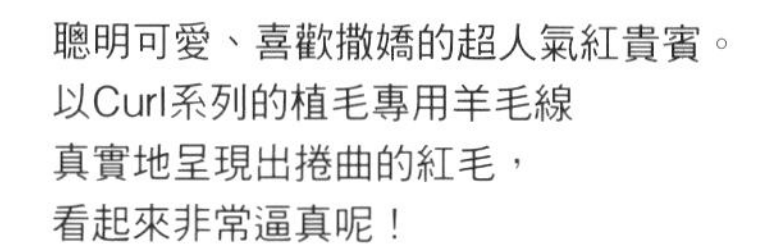

聰明可愛、喜歡撒嬌的超人氣紅貴賓。
以Curl系列的植毛專用羊毛線
真實地呈現出捲曲的紅毛，
看起來非常逼真呢！

作法 ➔ P.50

傑克羅素梗犬

Jack Russell Terrier

個性靈巧的傑克羅素梗犬，
即使慵懶地張開雙腳、腹部貼地向上看，
依然不減他機警頑皮的氣質。

作法 ➜ P.52

約克夏

Yorkshire Terrier

不甘獨自留守在家的約克夏，是為了抗議而故意打翻牛奶桶的吧？
黏人又不甘寂寞的性格在臉上表露無遺。
頭、胸、腳、背和尾巴，分別植上不同顏色的長毛。

作法 → P.43

迷你臘腸犬

Miniature Dachshund

擁有明確的特徵——
短短的腿、長條形的身軀和長長的鼻子，
是最適合初學者入門的犬種。
雙耳稍有弧度再與頭部接合的方法，讓耳朵也能展現俏皮的氣質。

作法 ➔ P.54

親子查理士王小獵犬

Cavalier King Charles Spaniel

捲曲垂墜的長耳是親子共同的特徵。
除了以植毛羊毛呈現成犬的長毛，
微微側轉的頭部也讓長毛更加引人注目。

查理士王小獵犬幼犬　作法 ➜ P.56
查理士王小獵犬成犬　作法 ➜ P.58

博美犬

Pomeranian

只要選對適合的羊毛，
就能作出博美犬毛茸茸的特色。

作法 ➜ P.61

法國鬥牛犬

French Bulldog

以條狀羊毛作出法國鬥牛犬臉上特有的皺褶紋路後，
再加點陰影就顯得更加維妙維肖。
脖子上的領結也是羊毛氈作的喔！

作法 → P.64

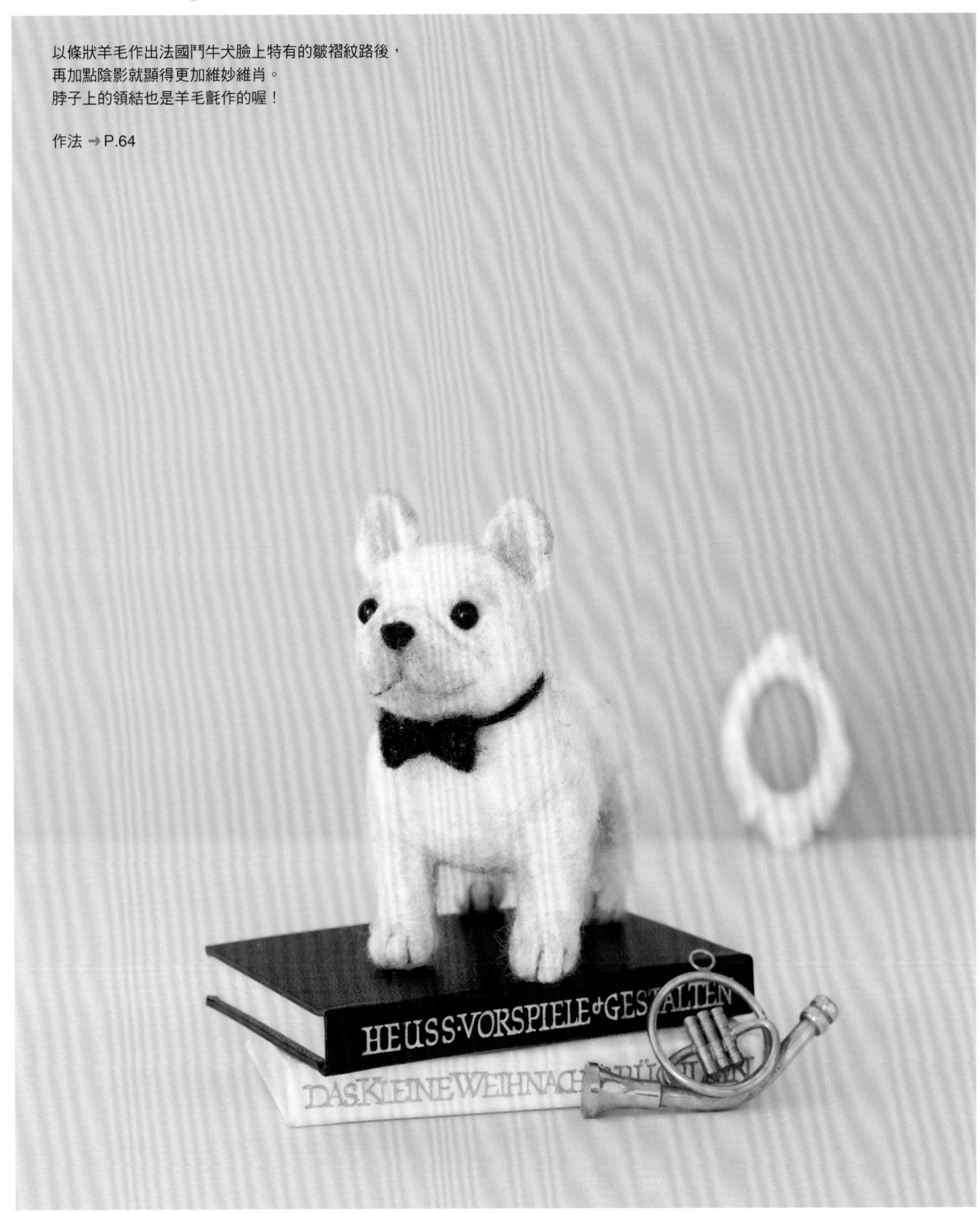

俄羅斯藍貓

Russian Blue

灰藍色的短毛，綠色的眼睛，以形狀保持線材製作的修長身軀，
優雅之中散發著誘人的神祕感。
以形狀保持線材製作身軀的方法，可參見詳細的步驟圖文解說。

作法 ➜ P.72

蘇格蘭摺耳貓

Scottish Fold

向前垂下的雙耳＆獨特的坐姿，都是摺耳貓令人情有獨鍾的原因。
輪廓不深卻可愛度滿分的貓咪臉龐作法，可參見詳細的步驟圖文解說。

作法 ➜ P.66

美國短毛貓

American Shorthair

身上迷人又獨特的花紋是美國短毛貓最大的特徵。
仔細參照圖片與說明作作看吧！

作法 ➜ P.70

布偶貓

Ragdoll

炯炯有神的雙眼＆全身美麗的長毛，是布偶貓最具代表性的特點。
蓬鬆感の植毛方法，可參見詳細的步驟圖文解說。

作法 ➜ P.75

咖啡色虎斑貓

Tabby Cat

好像發現了什麼似的，
遊戲中的咖啡色虎斑貓抱著小球、瞪大了圓眼，
真是可愛極了！
臉部的方向可在頭部接合時自由調整。

作法 ➡ P.78

黑白乳牛貓 & 玳瑁貓

Mottled Cat & Calico Cat

瞇著雙眼、弓著背的黑白乳牛貓，
與充滿好奇心的玳瑁貓。
脖子上的鈴鐺項圈也是以羊毛氈製作而成。

黑白乳牛貓　作法 P.80
玳瑁貓　作法 P.82

荷蘭垂耳兔

Holland Lop Rabbit

荷蘭迷你兔

Netherland Dwarf Rabbit

兔子就是要有長長的耳朵！
豎起耳朵的荷蘭迷你兔＆垂垂耳的荷蘭垂耳兔。

荷蘭迷你兔　作法 P.84
荷蘭垂耳兔　作法 P.86

黃色加卡利亞倉鼠
Yellow Djungarian Hamster

黃金鼠
Golden Hamster

動作靈活的倉鼠＆黃金鼠，
呆萌的模樣不論坐姿或站姿都超級可愛！

黃色加卡利亞倉鼠　作法 ➜ P.88
黃金鼠　作法 ➜ P.90

迷你刺蝟

Pygmy Hedgehog

搖晃著圓滾滾的身軀以短小的四肢站立，
或縮成一團的逗趣模樣都相當的討喜。
一根一根的毛線最適合用來製作背上的尖刺。

作法 ➜ P.92

Tools & Materials

羊毛氈の
材料＆工具

羊毛氈是以專用的戳針反覆戳刺羊毛，
使羊毛纖維互相纏繞形成氈化而成。
戳刺的次數會影響氈化的狀況，
次數多則成品較為紮實堅固，次數少則較為柔軟蓬鬆，
只要依循這個原理就能製作出自己理想中的成品。
請務必在發泡工作墊上進行戳刺作業，
並遵守戳針戳入後須以相同方向拉出的原則。
也須注意若用力過度有可能會造成針頭損壞，
並避免戳傷手指。
那麼，準備好工作墊＆羊毛就可以開始體驗羊毛氈的樂趣囉！

基本工具

星形羊毛氈專用戳針

針頭具有鋸齒狀倒勾設計的專用戳針。

一般針

可快速形成氈化的基本針。

極細針

戳刺留下的痕跡較小、主要用於細節及完成前的精緻化作業。

羊毛氈專用高密度工作墊

戳刺羊毛時，用來墊在下方的工作墊，
可以緩衝戳針下刺的力度並有效防止針頭損壞變形。

錐子

組合眼睛和尾巴時，於預定位置開洞的工具。

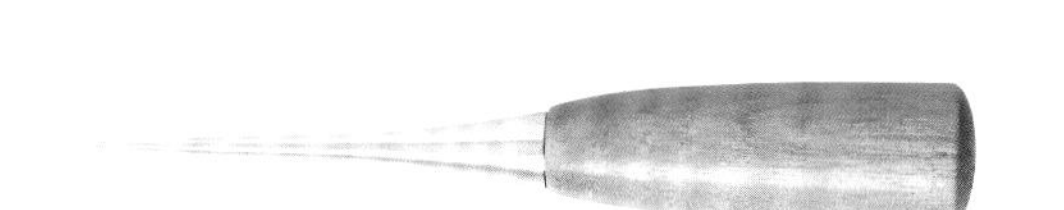

手工藝用剪刀

裁切羊毛及修飾成品時使用。

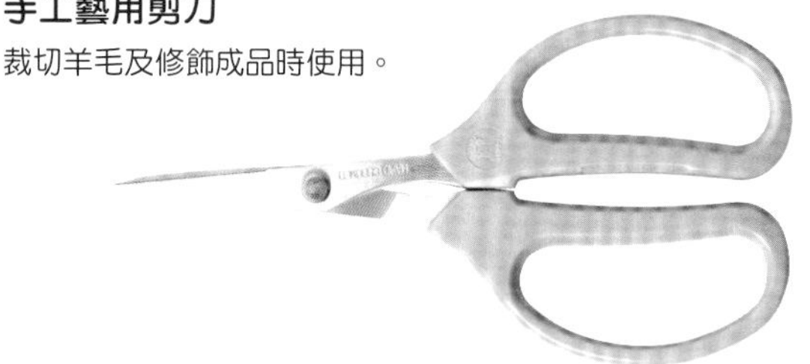

輔助工具

羊毛氈專用新型單針握柄（上）
羊毛氈專用單針握柄（中）
羊毛氈專用雙針握柄（下）

可以幫助戳刺作業變得容易
且不易疲累的握柄式戳針，
也有加速戳刺作業的雙針款式。

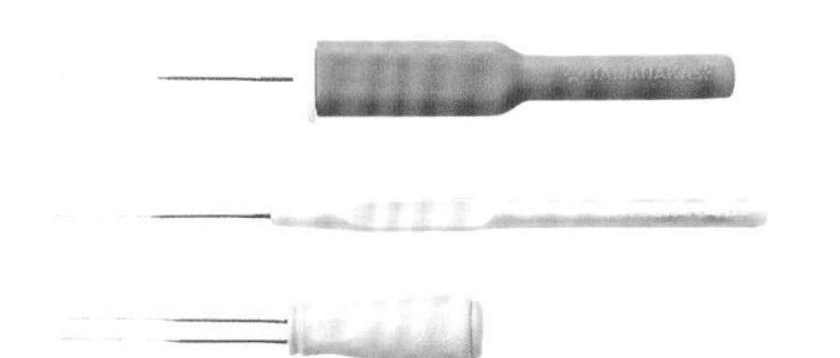

羊毛氈專用氣泡工作墊・彩色氣泡工作墊

疊在高密度工作墊上使用，可減緩高密度工作墊的損耗且讓已損耗的高密度工作墊一樣好用。
製品使用白色羊毛時，藍色和粉紅色的氣泡工作墊可協助區分工作墊和作品，讓作業更順利。

羊毛氈專用指套

進行戳刺作業時，用來保護手指的指套。

材料

羊毛氈

填充羊毛

軟軟蓬蓬、像棉花一樣的羊毛。輕輕戳刺就能快速成形，適合用來製作身體或頭部等較大的基體。

Solid系列

標準款的100%美麗諾羊毛，顏色純淨且種類豐富。

Mix系列

混合同色系的100%美麗諾羊毛，細微的顏色變化讓羊毛看起來更有層次感。

Natural Blend羊毛條

混合了英國羊毛和美麗諾羊毛，特色是纖維較短且觸感粗糙，屬於容易氈化的類型。

Wool Candy Sucre

Natural Blend系列

Solid系列

Natural Blend系列和Solid系列1包20g的小包裝。

植毛Curl系列

適用於製作捲曲或波浪狀的動物毛流，植毛專用羊毛。

植毛Straight系列

適用於製作直順的動物毛流，植毛專用羊毛。

眼珠配件

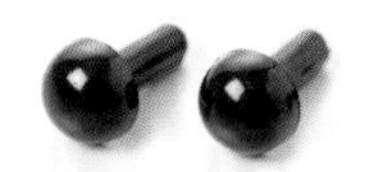

安裝簡易的插入式類型。

單色圓眼（左）
想作成黑色豆豆眼時使用。

彩色圓眼（右）
瞳孔周圍透明且帶有顏色。

玩偶形狀保持線材〈L〉

維持玩偶形狀時使用。用於輔助製作站立的四足或翹起的尾巴。

手工藝專用白膠

組合眼睛或尾巴時使用，乾燥後呈現透明狀的速乾型黏膠。

Needle Felt Lesson

羊毛氈 實作教室

開始動手作——蹲坐吐舌的可愛柴犬

<原寸圖・正面>

柴犬 …P.4至P.5

材料
HAMANAKA填充羊毛：象牙白（310）10g
HAMANAKA羊毛條
　Natural Blend：淺咖啡（808）4g
　　　　　　　　淺米色（802）3g
　　　　　　　　紅色（834）少量
　Mix：象牙黑（209）少量
　Solid：粉紅色（36）少量
　　　　焦茶色（41）少量
HAMANAKA單色圓眼：5mm　2個

作品尺寸　高9cm

＜原寸組件圖稿＞
☆除了頭＆身體使用填充羊毛製作之外，其餘皆以羊毛條製作。

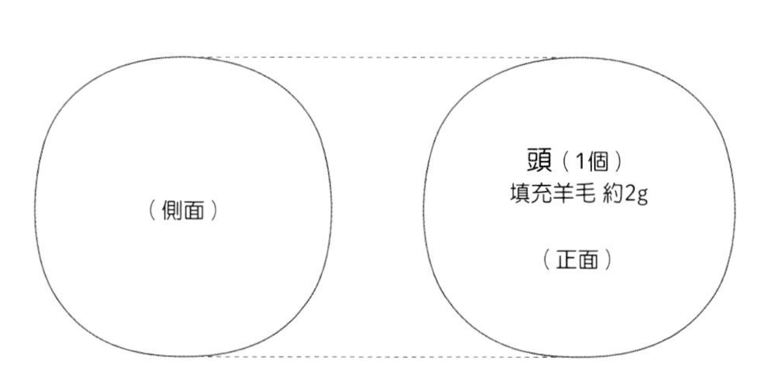

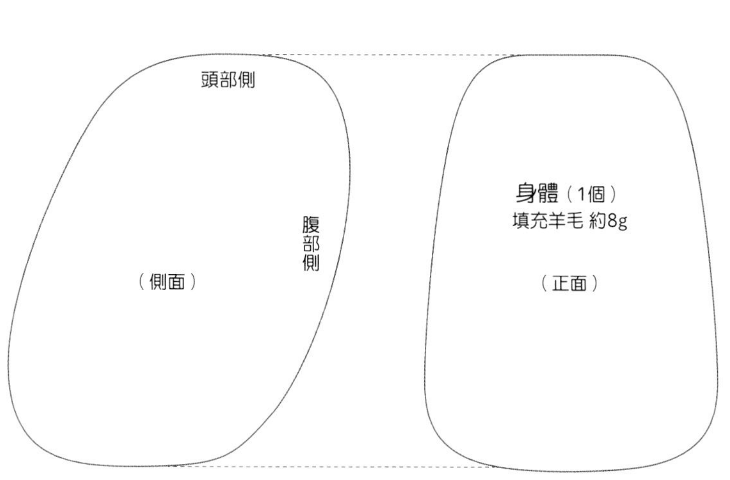

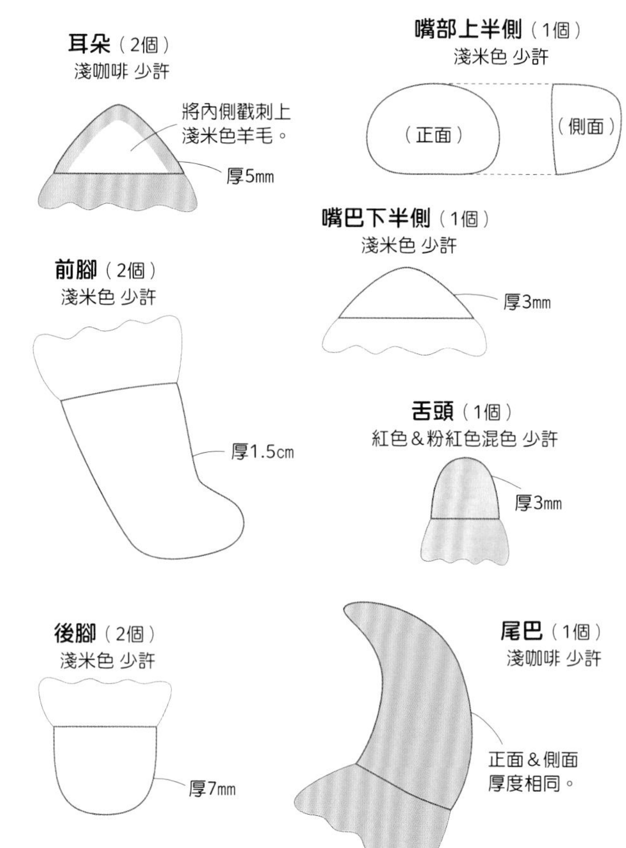

<原寸圖·右側>

<原寸圖·左側>

❶基體製作

參照原寸組件圖稿，以指定的羊毛製作各基體。
製作時須掌握的重點為：分次＆少量地將羊毛一點一點地加上，使大小、形狀盡可能地與原寸圖稿一致。
請特別注意，若將羊毛一次全部捲起來戳刺，會造成中間無法氈化固定而變得鬆散毛燥。

製作身體

1 對照身體圖稿的長度撕取所需的填充羊毛。

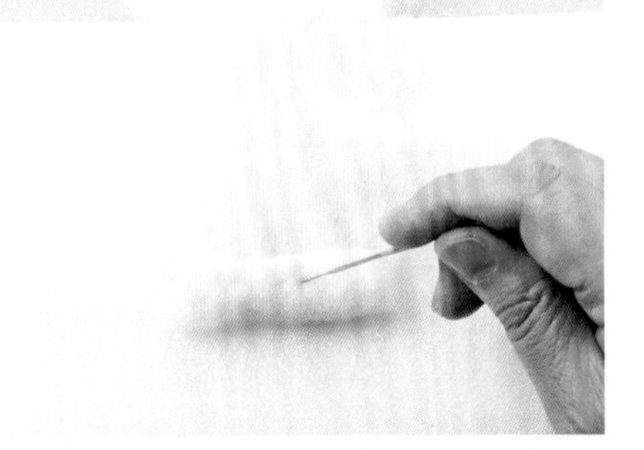

2 從其中一端開始紮實地捲起，並在捲起過程中分次戳刺羊毛使之氈化固定。

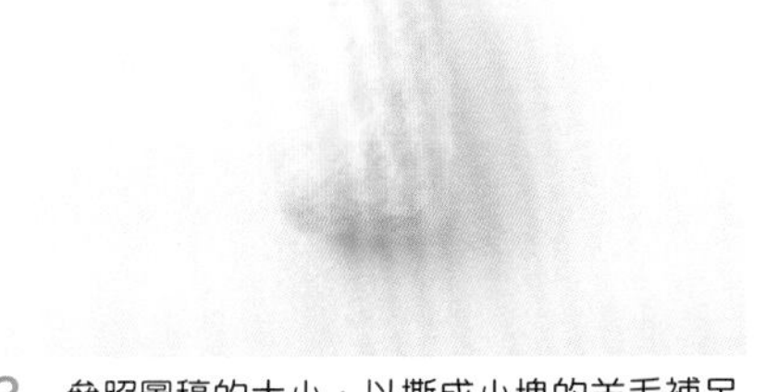

3 參照圖稿的大小，以撕成小塊的羊毛補足不夠的部分，完成圓柱狀的身體基體。

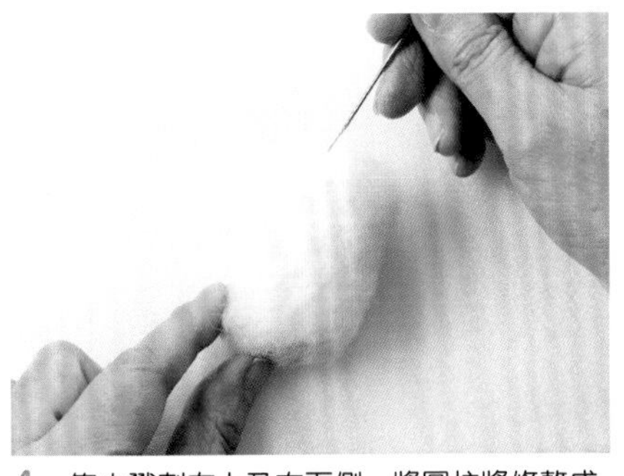

4 集中戳刺左上及右下側，將圓柱將修整成平行四邊形（接近側面圖稿的形狀）。

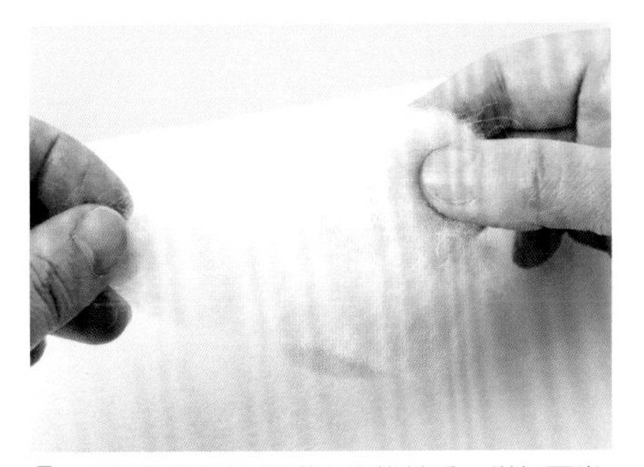

5 在下半部加上撕成小片的羊毛，增加下半部的寬度（接近正面圖稿的形狀）。

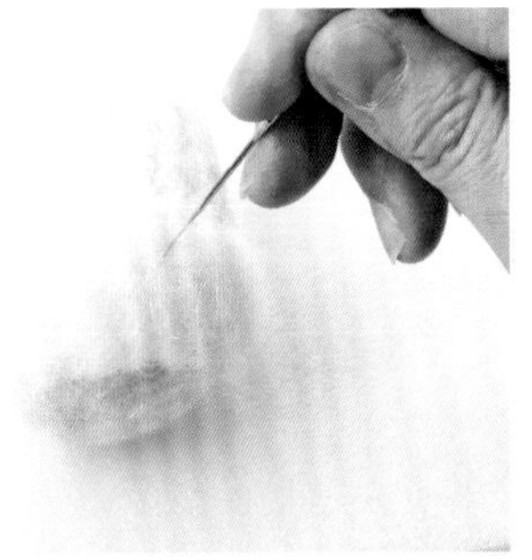

6 參照組件圖稿的正面、側面及成品圖修整塑形。頭部以填充羊毛及相同要領製作。嘴部上半側則以淺米色羊毛及相同要領製作。

製作前腳（預留軟毛的組件製作方法）

7 撕取少量淺米色羊毛。

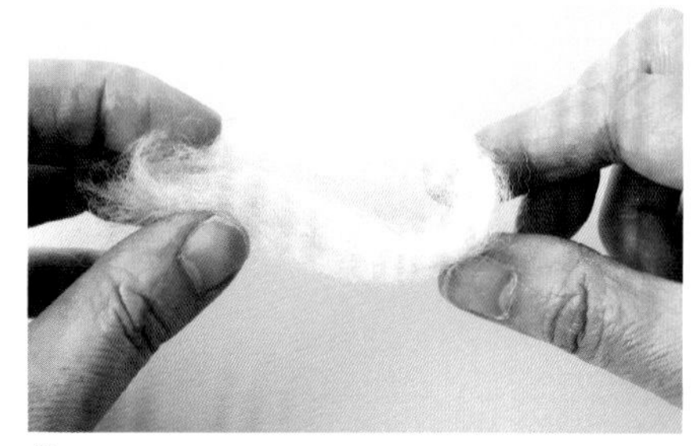

8 以圖稿兩倍以上的長度撕下羊毛後對摺。

9 先從弧形的邊端開始戳刺塑形並氈化固定。

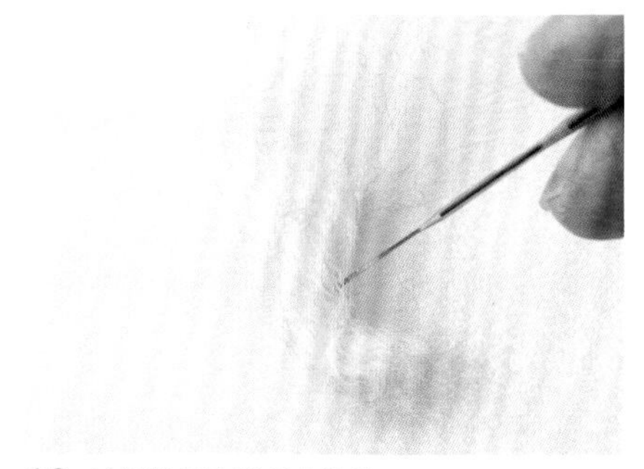

10 以針戳刺出腳掌的線條。

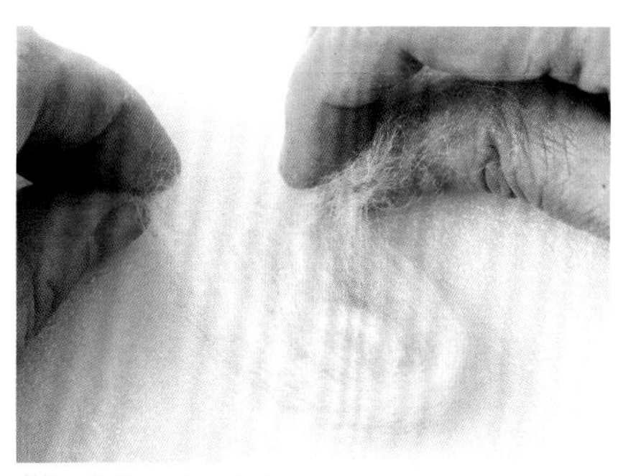

11 沿著形狀分次追加少量羊毛。

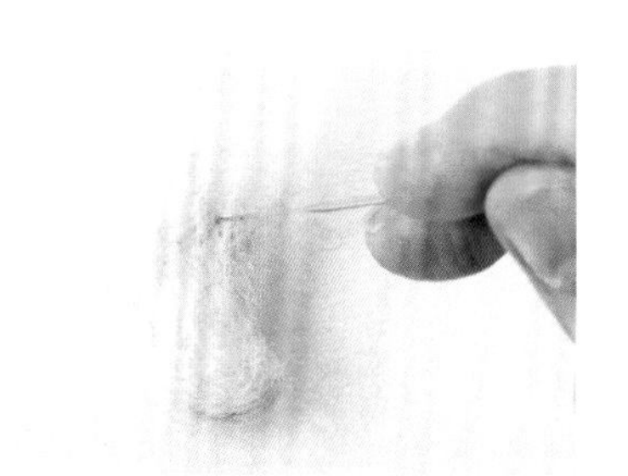

12 戳刺塑形直至符合圖稿的大小及形狀。

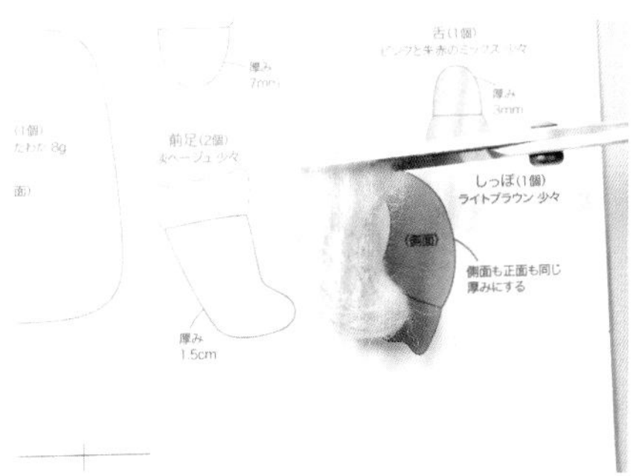

13 將完成的前腳放於圖稿旁對照，並修齊上方軟毛的部分（軟毛過長或過短都會造成塑形不易）。

以相同要領製作出帶有蓬鬆軟毛的後腳、尾巴、嘴部下半側等組件。
混合兩種顏色作為舌頭用的羊毛（參照P.37），並製作出帶有蓬鬆軟毛的舌頭。

製作耳朵

14 耳朵須先參照圖稿，以淺咖啡色羊毛作出帶有蓬鬆感的基體後，再分次＆少量地戳刺上淺米色羊毛（僅單面）。

準備好各組件及所需數量。

❷ 接合身體＆前腳

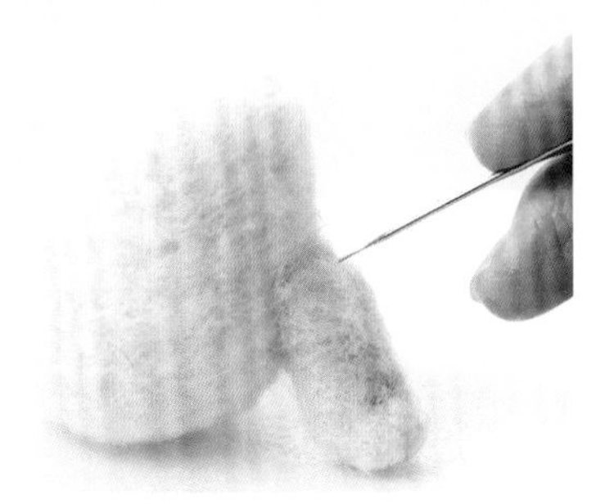

15 整理前腳上方的軟毛，對準與身體的接合處以戳針戳刺固定。

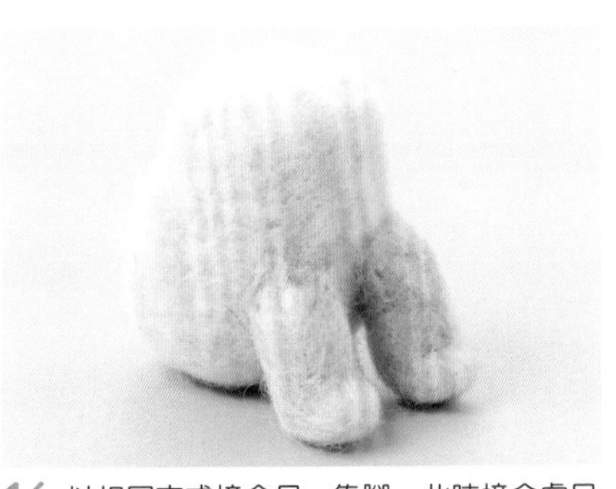

16 以相同方式接合另一隻腳，此時接合處呈現凹陷狀。

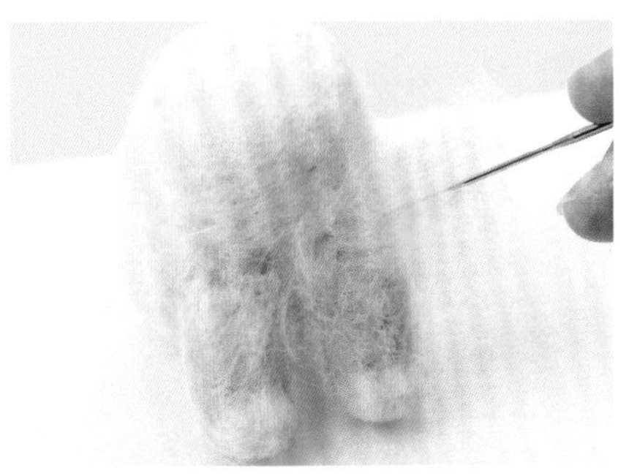

17 在接合處追加少量淺米色羊毛戳刺固定。

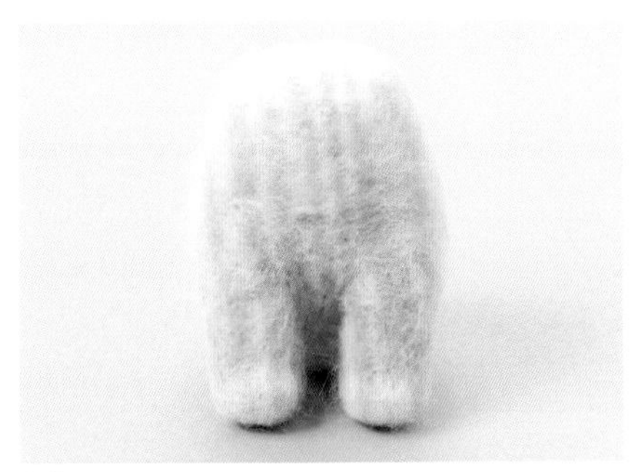

18 重疊戳刺淺米色羊毛，直到凹陷處變得平整，並以戳針修整塑形。

❸ 作出胖胖的大腿

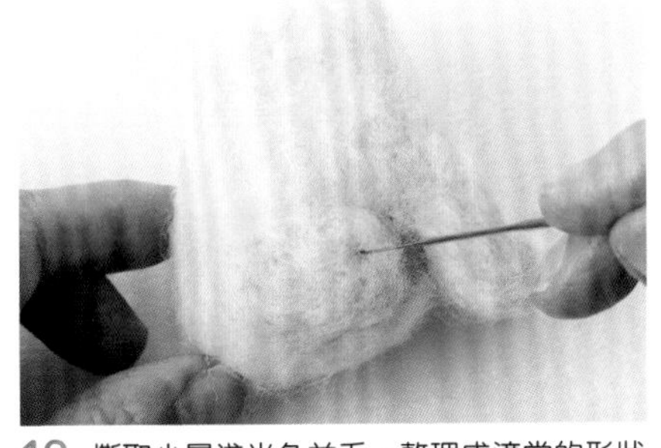

19 撕取少量淺米色羊毛，整理成適當的形狀後放在大腿的位置，以戳針戳刺固定。再重複疊放羊毛＆戳刺，修整出胖胖的大腿。

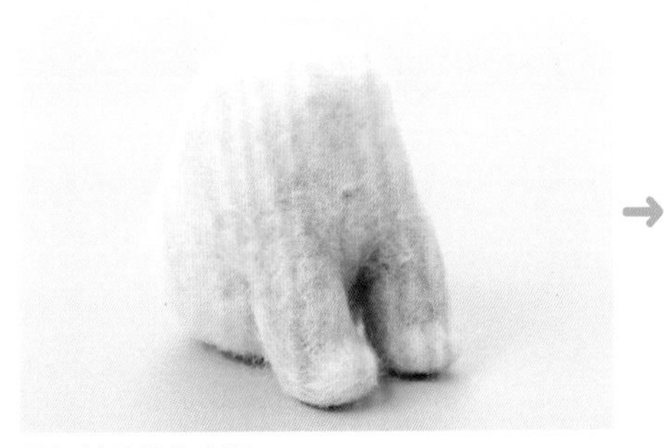

增加羊毛前的大腿

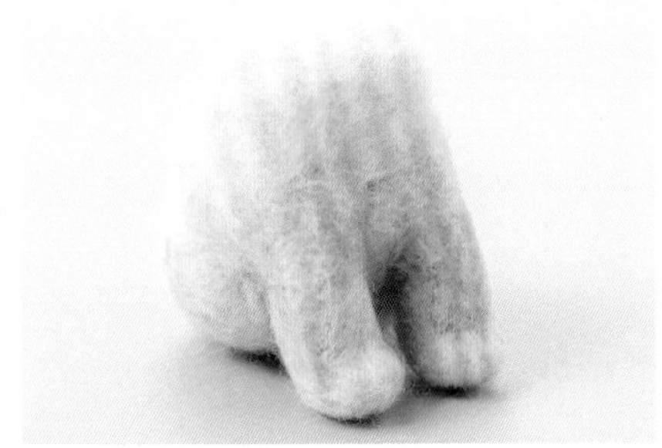

增加羊毛後的大腿

舌頭の羊毛混色技巧

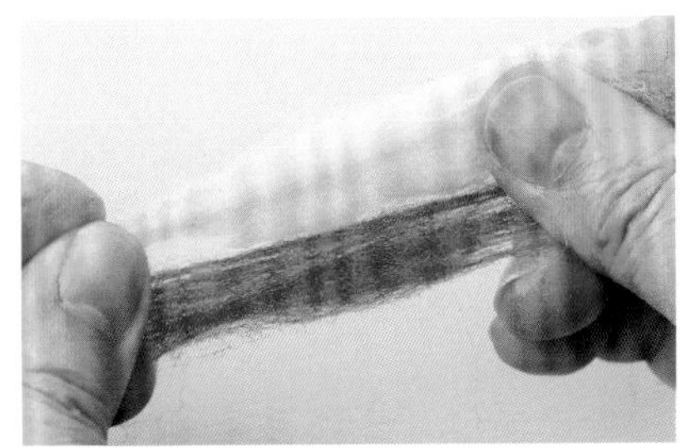

❶撕取等量的紅色＆粉紅色羊毛，重疊在一起。

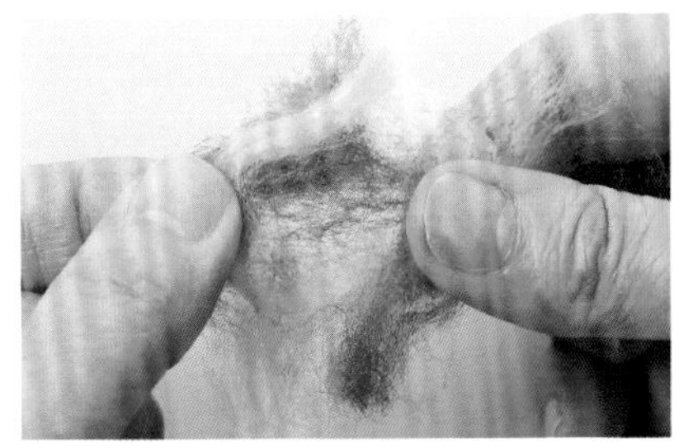

❷不斷重複由兩側拉開羊毛的動作。

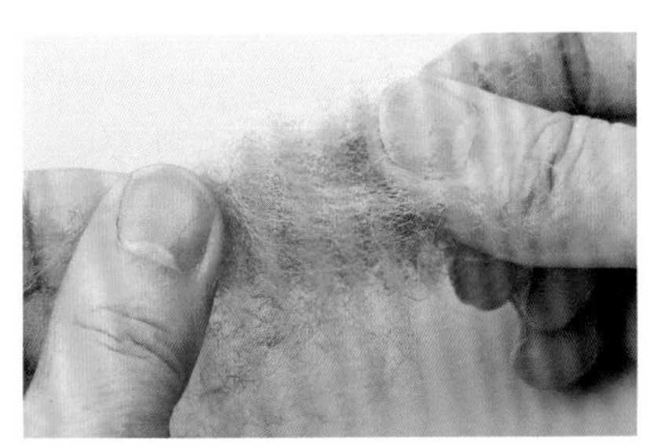

❸從各方向拉開再重疊，使兩種顏色交織在一起。

❹ 接合身體＆後腳

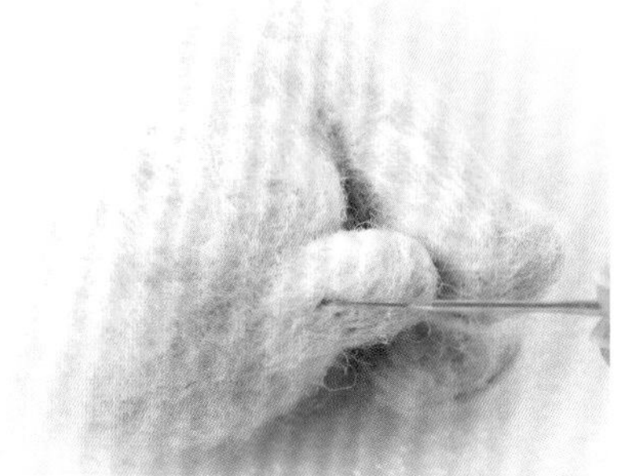

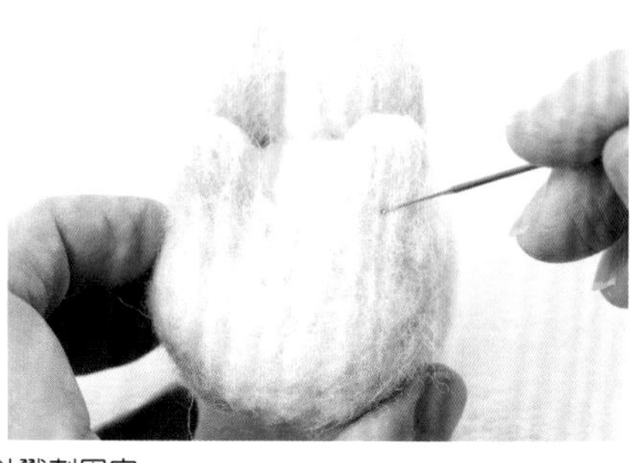

20 整理後腳的軟毛，對準與大腿的接合處後以戳針戳刺固定。

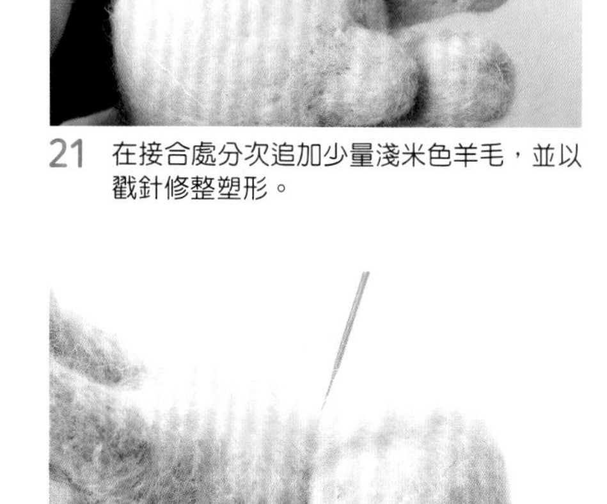

21 在接合處分次追加少量淺米色羊毛，並以戳針修整塑形。

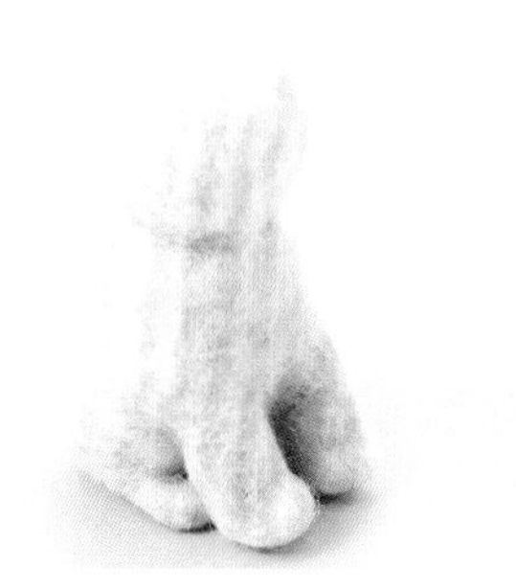

接上後腳。

❺ 接合身體＆頭部

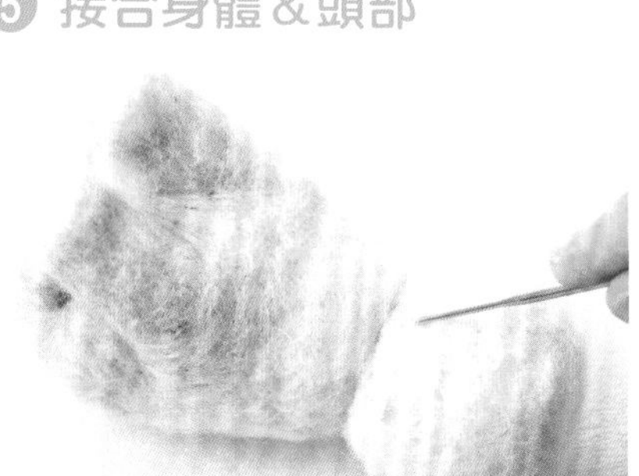

22 將頭對準身體上方的接合處，以戳針戳刺一圈固定。

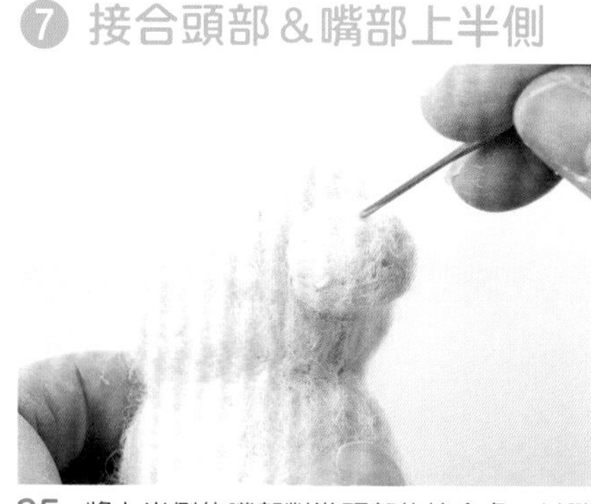

23 分次追加淺米色羊毛，垂直放在頭與身體的接合處以戳針戳刺固定，並重複戳刺脖子周圍加強固定。

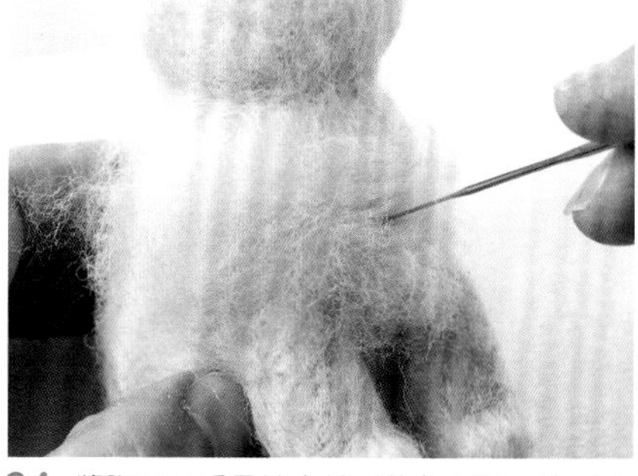

接上頭部。

❻ 在胸口加上淺米色

24 將胸口可看見填充羊毛的部分加上淺米色羊毛以戳針戳刺固定，作出胸口微微蓬起的感覺。

❼ 接合頭部＆嘴部上半側

25 將上半側的嘴部對準頭部的接合處，以戳針戳刺固定。

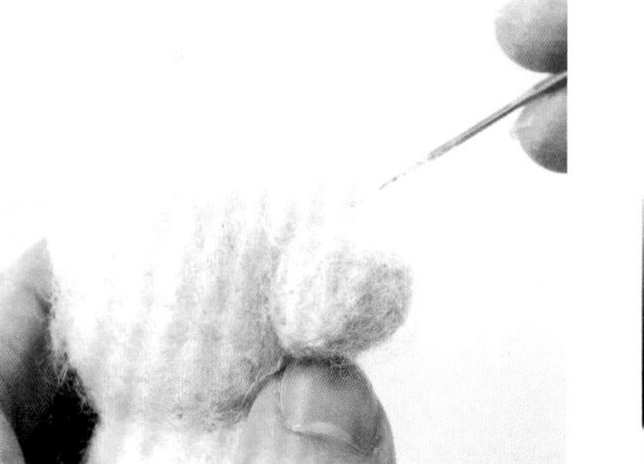

26 在接合處追加少量淺米色羊毛後，戳刺加強固定。

❽ 接合頭部與嘴部下半側

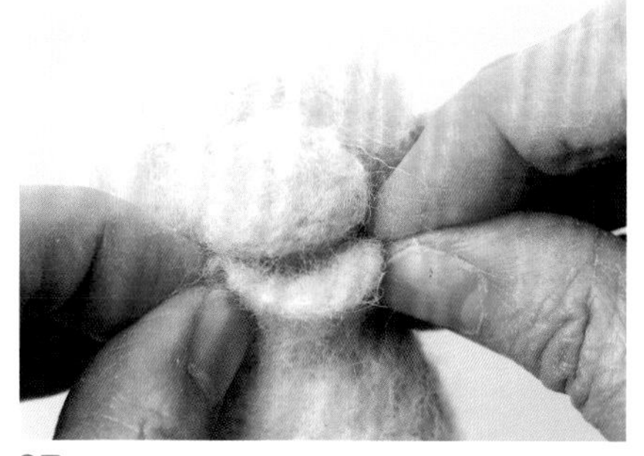

27 稍微彎起嘴部下半側並對齊嘴部上半側，再以戳針戳刺固定。

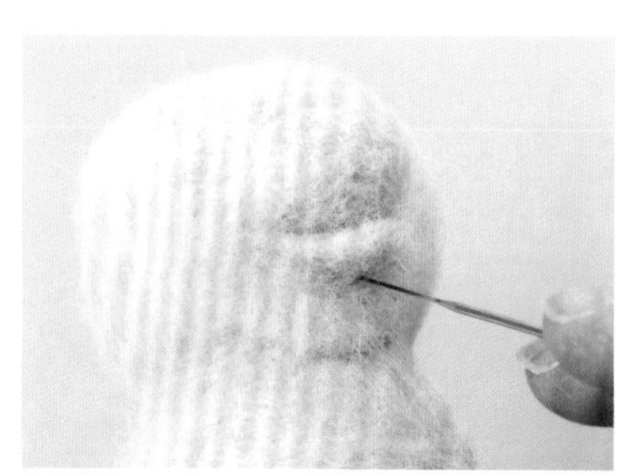

28 在嘴部下緣追加少量淺米色羊毛後，戳刺加強固定。

❾ 接合耳朵

29 以手捏出耳朵的造型，並使軟毛向頭部後側攤開，對準頭部的接合處以戳針戳刺固定。

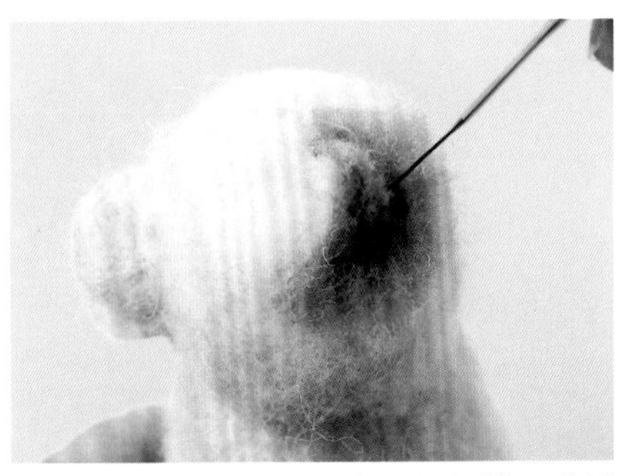

30 在接合處追加少量淺咖啡色羊毛後，戳刺加強固定。

31 以相同作法接合另一隻耳朵。

❿ 在臉頰＆底部加上淺米色

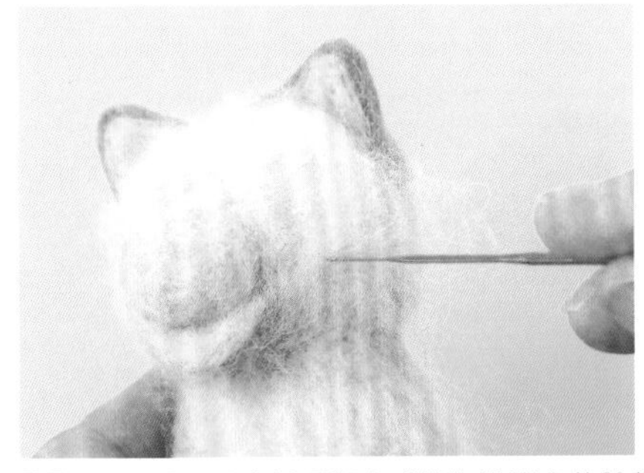

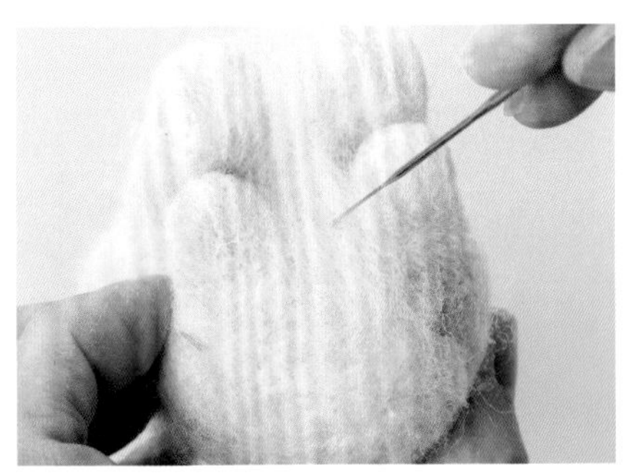

32 在可看見填充羊毛與完成後為淺米色的臉頰及底部，鋪上一大片薄薄的淺米色羊毛，並以戳針戳刺固定。

⓫ 在頭部＆身體加上淺咖啡色

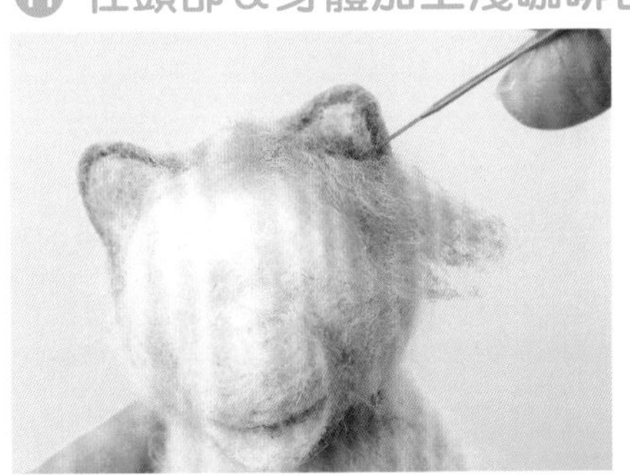

33 依照成品圖在原為填充羊毛的頭部及身體，鋪上一大片薄薄的淺咖啡色羊毛，並以戳針戳刺固定。

加上淺咖啡色羊毛。

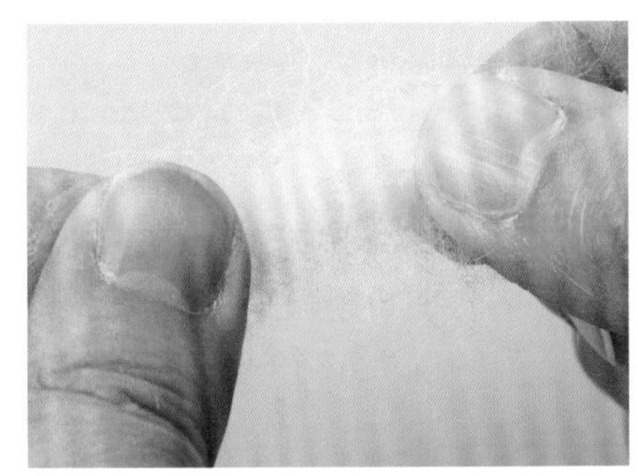

34 拉鬆淺米色羊毛後以戳針戳刺固定在淺咖啡色和淺米色的交界處，讓兩個顏色自然融合。

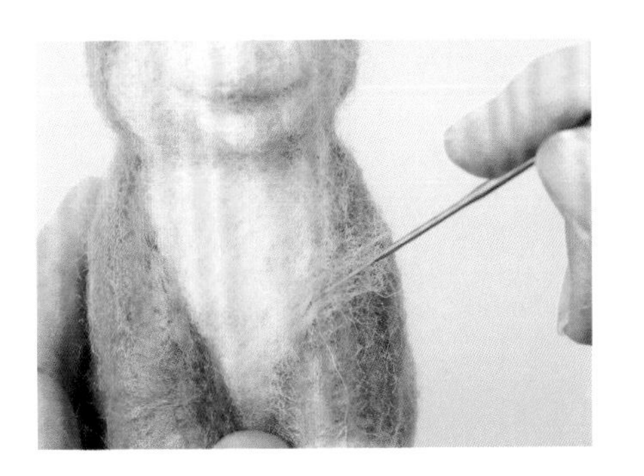

⓬ 加上鼻子

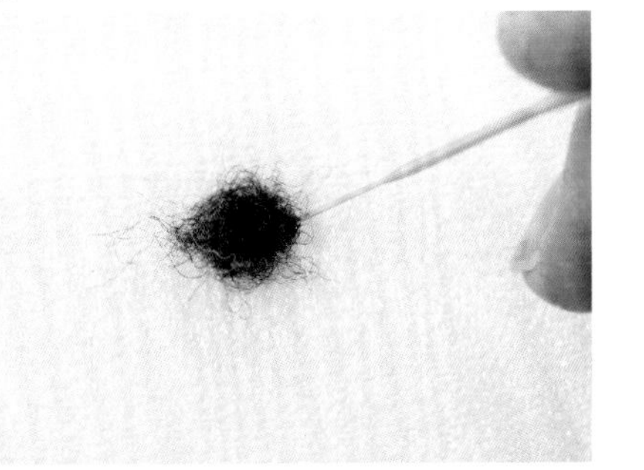

35 取少量象牙黑羊毛，放在工作墊上輕戳成鼻子的形狀。

36 放於嘴部的鼻頭位置，以戳針戳刺固定。

⑬ 加上鼻子下方的線條＆嘴線

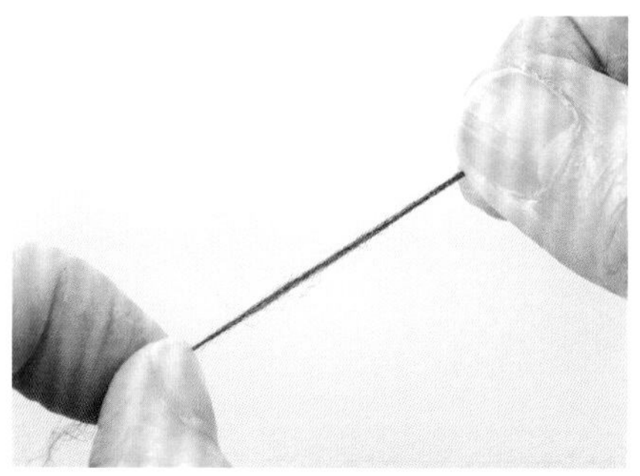

37 取少量象牙黑羊毛，以手指捻成粗細適當的細線（增加羊毛可變粗，減少則變細）。

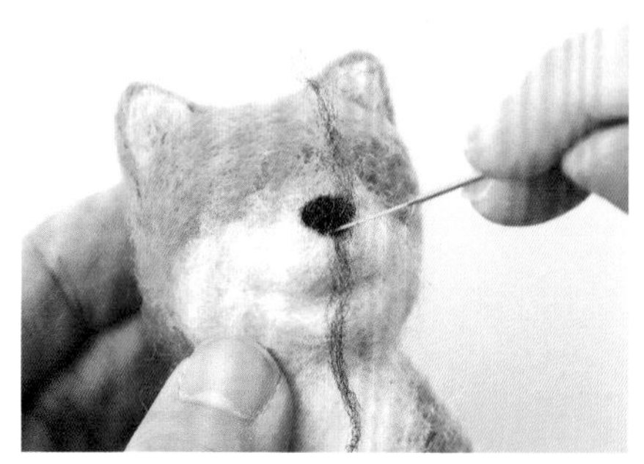

38 在鼻子下方至嘴部位置，戳刺固定捻好的象牙黑細線。

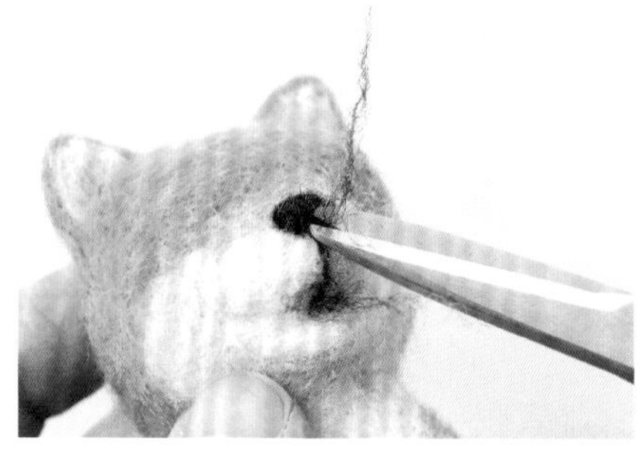

39 剪去多餘的細線。

40 仔細固定＆調整成漂亮的線條。

41 以相同作法加上象牙黑的下嘴線。

⑭ 加上舌頭

42 將舌頭戳刺固定於嘴部中。再用力地戳刺舌頭中線，讓中間形成一條凹線。

⑮ 加上眼睛

43 找到眼睛的位置，以錐子戳出小洞。

44 單色圓眼沾取白膠後插入。

45 取少量淺咖啡色羊毛加於眼睛上方位置，作出蓬起的上眼皮。

46 在眼尾處加上象牙黑。

47 在眼睛上方加上淺米色的斑紋。

⑯ 加上耳朵內側的顏色

48 在耳朵內側根部的位置加上焦茶色。

⑰ 在腳尖處加上爪線

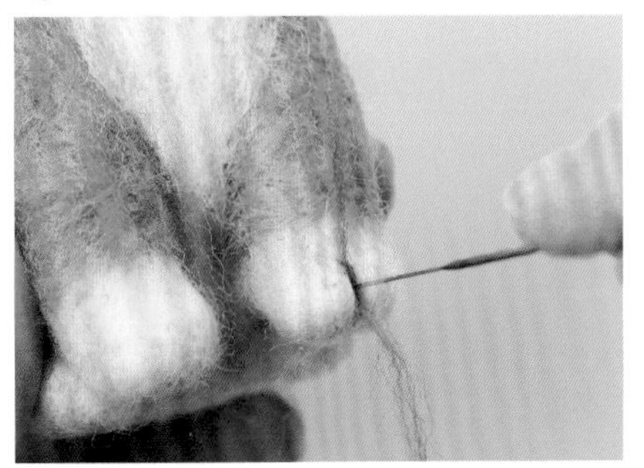

49 取極少量焦茶色羊毛，以手指捻成細線後戳刺固定成爪線，並剪去多餘的細線。

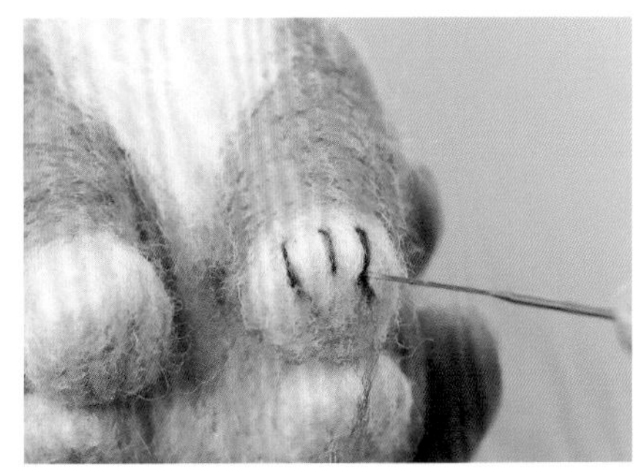

50 加上三條爪線。後腳爪線作法亦同。

⑱ 加上尾巴

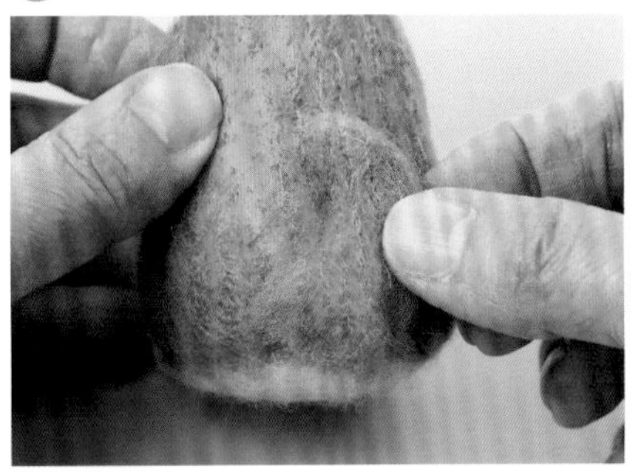

51 整理尾巴的軟毛，對準與屁屁的接合處。

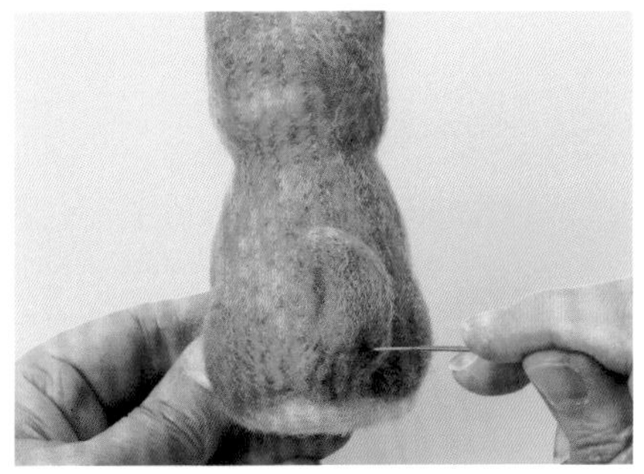

52 以戳針戳刺固定，此時接合處會變得凹凸不平。

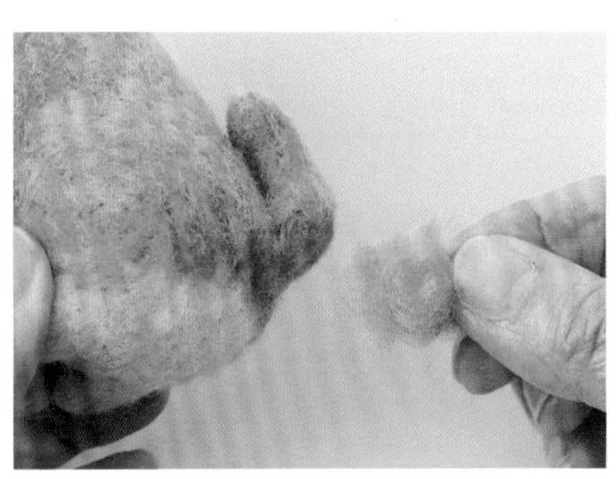

53 在尾巴根部分次追加少量的淺咖啡色羊毛，加強固定並同時修整外觀。

54 分次追加少量淺咖啡色羊毛，修整造型使尾巴呈現自然柔順的弧線。

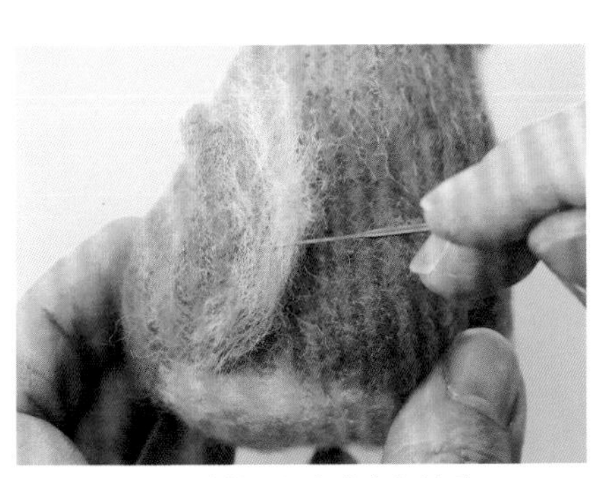

55 在尾巴弧線外側加上淺米色羊毛。

56 戳刺成雙毛色的模樣。

完成！

<原寸圖・背面>

柴犬…（合嘴的認真表情）…P.4至P.5

材料

HAMANAKA填充羊毛：象牙白（310）10g
HAMANAKA羊毛條
Mix：象牙黑（209）4g
Natural Blend：淺米色（802）3g
Solid：焦茶色（41）少量
HAMANAKA單色圓眼：5㎜　2個

作品尺寸　高9㎝

＜原寸組件圖稿＞參照P.34
☆頭、身體、前腳、後腳與P.34相同。
耳朵、尾巴則將淺咖啡色改成象牙黑。

嘴部（1個）
淺米色 少量

（正面）
（側面）

淺米色
象牙黑

＜原寸圖・正面＞

作法

★參照P.34至P.41「蹲坐吐舌的可愛柴犬」，並替換顏色及變更嘴巴、眼睛周圍、尾巴方向等部位的作法。

❶ 參照原寸組件圖稿，以指定的羊毛製作各組件。

❷ 接合身體＆前腳。
整理前腳上方的軟毛，對準與身體的接合處以戳針戳刺固定。在接合處追加少量象牙黑羊毛後，修整塑形並戳刺固定。

❸ 作出胖胖的大腿。
撕取少量象牙黑羊毛，整理成適當的形狀後放在大腿的位置，以戳針戳刺固定。再重疊追加羊毛＆修整塑形，作出胖胖的大腿。

❹ 接合身體＆後腳。
整理後腳的軟毛，對準與大腿的接合處後以戳針戳刺固定。在接合處分次追加少量淺米色羊毛，並以戳針修整塑形。

❺ 接合身體＆頭部。
頭部對準身體上方的接合處並稍往左側轉一點，以戳針戳刺一圈固定，再分次追加象牙黑羊毛，垂直放在頭與身體的接合處以戳針戳刺固定，並重複戳刺脖子周圍加強固定。

❻ 在胸口處重疊戳刺象牙黑羊毛。
在胸口可以看見填充羊毛的部分加上象牙黑羊毛後，以戳針戳刺固定，製作出胸口微微隆起的感覺。

❼ 接合頭部＆嘴部。
將嘴部對準頭部的接合處，以戳針戳刺固定，並在接合處追加少量淺米色羊毛戳刺加強固定。

❽ 接合耳朵。
以手捏出耳朵的形狀，並將軟毛向頭部後側攤開，對準頭部的接合處以戳針戳刺固定，再於接合處追加少量象牙黑羊毛戳刺加強固定。

❾ 在臉頰＆底部加上淺米色。
在原為填充羊毛＆完成後為淺米色的臉頰及底部鋪上一大片薄薄的淺米色羊毛，並以戳針戳刺固定。

❿ 在頭部＆身體加上象牙黑。
依照成品圖在原為填充羊毛的頭部及身體，鋪上一大片薄薄的象牙黑羊毛，並以戳針戳刺固定。

⓫ 加上胸口的淺米色區塊。

⓬ 加上鼻子。
取少量象牙黑羊毛，放在工作墊上輕戳成鼻子的形狀，再放在嘴部鼻頭處以戳針戳刺固定。

⓭ 加上鼻子下方的線條＆嘴線。
取少量象牙黑羊毛，以手指捻成粗細適當的細線，戳刺固定在鼻子下方。

⓮ 加上眼睛。
找到眼睛的位置，以錐子戳出小洞，將單色圓眼沾取白膠後插入。再取少量象牙黑羊毛加於眼睛上方位置，作出蓬起的上眼皮。在眼睛周圍加上一圈細細的淺米色＆眼睛上方的淺米色斑紋。

⓯ 在耳朵內側根部的位置加上焦茶色。

⓰ 在腳尖處加上爪線。
取極少量焦茶色羊毛，以手指捻成細線後戳刺固定成爪線。

⓱ 加上尾巴。
整理尾巴的軟毛，對準與屁屁的接合處以戳針戳刺固定。在尾巴根部分次追加少量的象牙黑色羊毛，加強固定並修整外觀，並在尾巴弧線外側加上淺米色羊毛，戳刺出雙毛色的模樣。

約克夏 … P.11

材料

HAMANAKA填充羊毛：象牙白（310）8g
HAMANAKA羊毛條
　Mix：灰色（210）2g
　　　　象牙黑（209）少量
　Natural Blend：米色（807）2g
　　　　淺咖啡（808）少量
　　　　咖啡紅（809）少量
　植毛Straight：杏桃色（552）5g
HAMANAKA彩色圓眼：透明棕6㎜　2個
麂皮緞帶：藍色　寬3㎜　20㎝

作品尺寸　高8.5㎝

★請先閱讀P.34至P.41（柴犬的作法），
掌握基本要領後再開始製作。

<原寸組件圖稿>

☆除了頭＆身體使用填充羊毛製作之外，其餘皆以羊毛條製作。

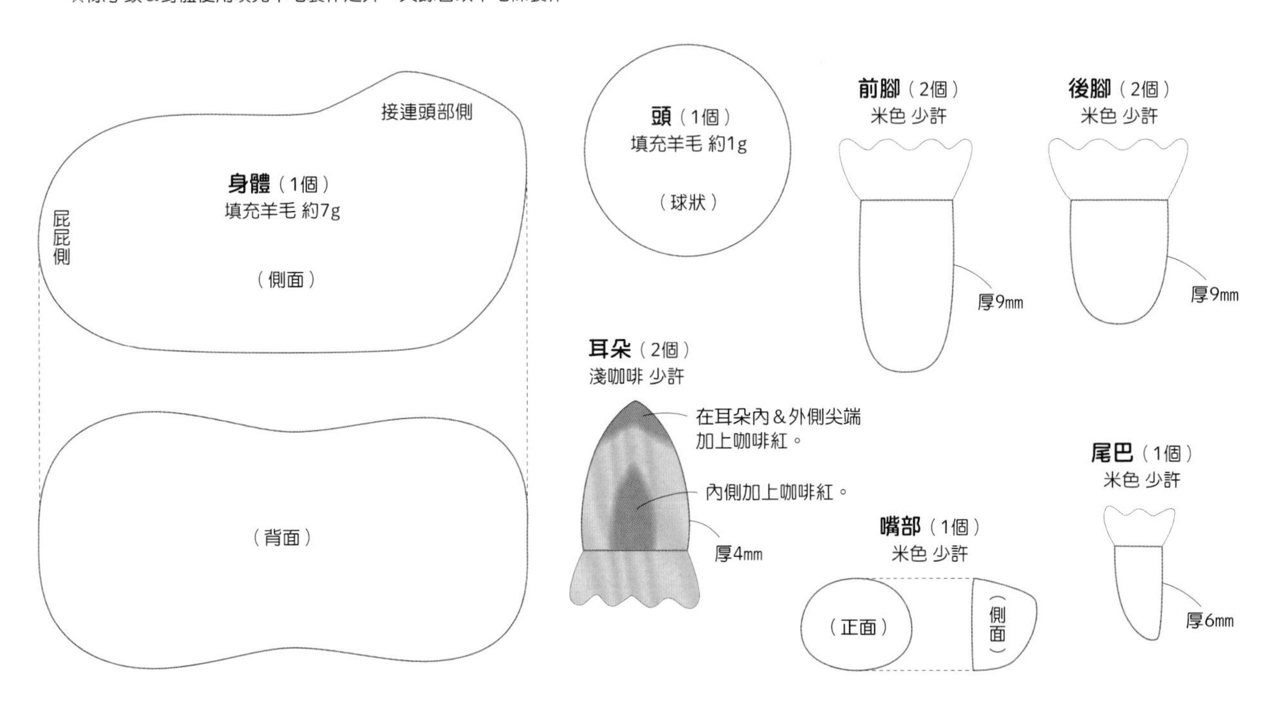

作法

❶ 參照原寸組件圖稿，以指定的羊毛製作各組件。

❷ 接合身體＆前腳。

整理前腳上端的軟毛，對準與身體底部的接合處，以戳針戳刺固定。再於接合處追加少量米色羊毛後，戳刺加強固定。

❸ 接合身體＆後腳。

攤開後腳的軟毛，對準與身體底部的接合處，以戳針戳刺固定。再於接合處追加少量米色羊毛後，戳刺加強固定。

❹ 接合身體＆頭部。

頭部對準身體上方的接合處，以戳針戳刺一圈固定。分次追加米色羊毛，垂直放在頭與身體的接合處以戳針戳刺固定，並重複戳刺脖子周圍加強固定。

❺ 接合頭部＆嘴部。

為了作出臉部稍微偏向一邊的模樣，將嘴部微偏地對準頭部的接合處＆以戳針戳刺固定，再於接合處追加少量米色羊毛後，戳刺加強固定。

❻ 加上鼻子。

取少量象牙黑羊毛，放在工作墊上輕戳成鼻子的形狀，放在嘴部鼻頭處以戳針戳刺固定。

❼ 接合耳朵。

以手捏出耳朵的形狀並將軟毛向頭部後側攤開，對準頭部的接合處，以戳針戳刺固定。再於接合處追加少量淺咖啡色羊毛後，戳刺加強固定。

❽ 在腳尖處加上爪線。

取極少量象牙黑羊毛，以手指捻成細線後戳刺固定成爪線。

❾ 加上尾巴。

攤開尾巴的軟毛，對準與屁屁的接合處，以戳針戳刺固定。再於尾巴根部追加戳刺少量的米色羊毛加強固定。

❿ 在腳尖以外的部位加上植毛。

⓫ 加上眼睛。

找到眼睛的位置，以錐子戳出小洞，將彩色圓眼沾取白膠後插入。再於眼睛周圍追加戳刺咖啡紅的羊毛。

⓬ 加上鼻子下方的線條＆嘴線。

取少量象牙黑羊毛，以手指捻成粗細適當的細線，戳刺固定在鼻子下方。

⓭ 綁上藍色緞帶。

<作法順序圖>

❶ 參照原寸組件圖稿，以指定的羊毛製作各組件。

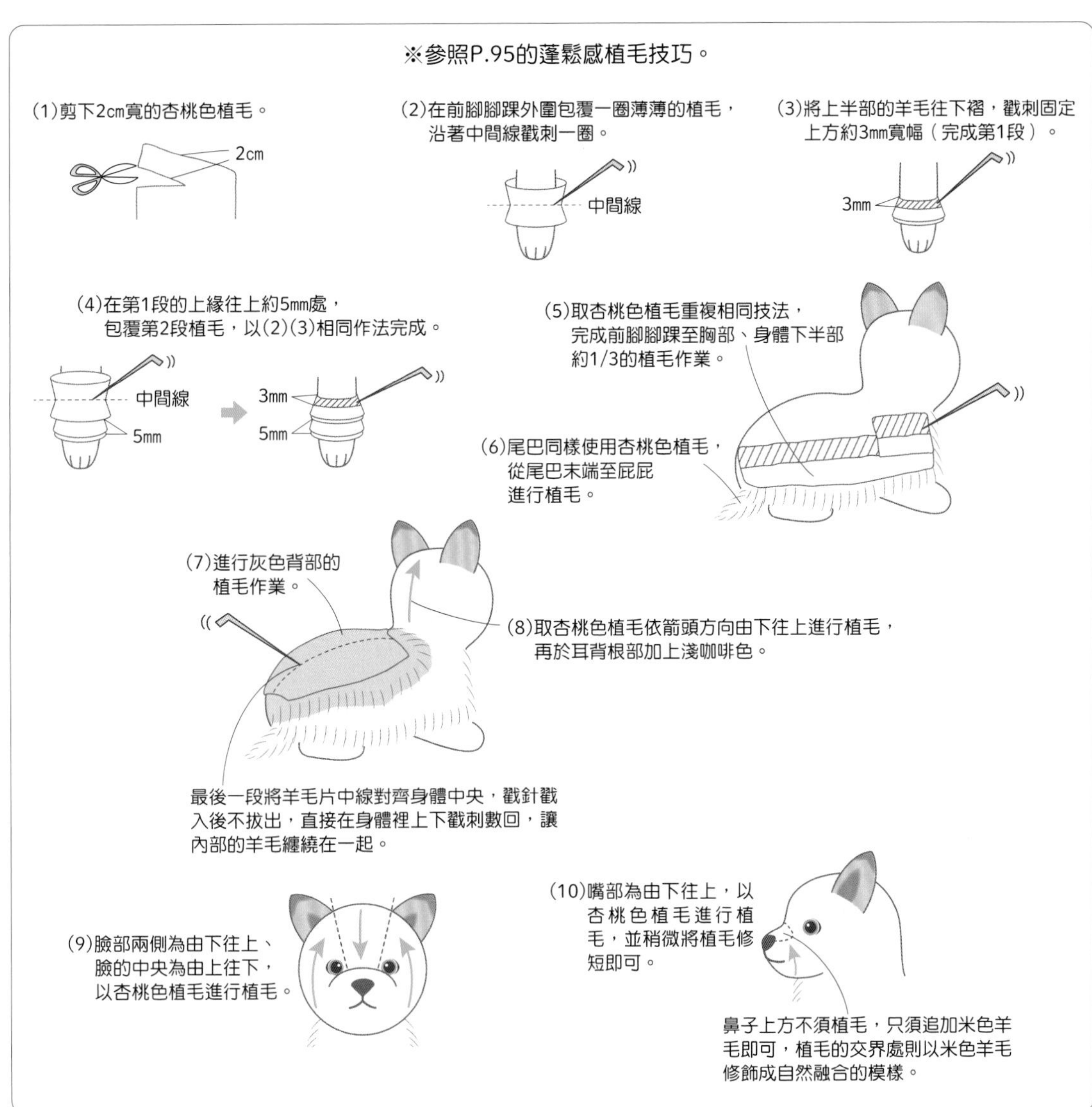

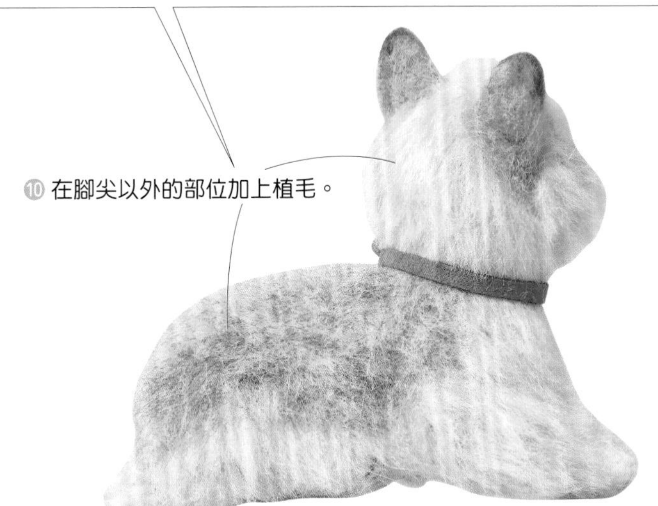

⑩ 在腳尖以外的部位加上植毛。

吉娃娃幼犬 … P.6至P.7

材料

HAMANAKA填充羊毛：象牙白（310）6g
HAMANAKA羊毛條
Solid：白色（1）4g
粉紅色（36）少量
Natural Blend：米色（807）1g
Mix：象牙黑（209）少量
HAMANAKA單色圓眼：5㎜　2個

作品尺寸　高8.2㎝

★請先閱讀P.34至P.41（柴犬的作法），掌握基本要領後再開始製作。

作法

❶ 參照原寸組件圖稿，以指定的羊毛製作各組件。

❷ 接合身體＆前腳。

整理前腳上方的軟毛，對準與身體底部的接合處以戳針戳刺固定。再於接合處追加少量白色羊毛後，戳刺加強固定。

❸ 作出胖胖的大腿。

撕取少量白色羊毛，整理成適當的形狀＆放於大腿的位置以戳針戳刺固定。再重疊追加羊毛＆修整塑形，作出胖胖的大腿。

❹ 接合身體＆後腳。

攤開後腳的軟毛，對準與身體底部的接合處，以戳針戳刺固定。

❺ 接合身體＆頭部。

頭部對準身體上方的接合處並稍往左下側傾斜，以戳針戳刺一圈固定，再分次追加白色羊毛，垂直放在頭與身體的接合處以戳針戳刺固定，並重複戳刺脖子周圍加強固定。

❻ 在身體＆前後腳追加白色羊毛，以戳針戳刺固定。

❼ 接合頭部＆嘴部。

將嘴部對準頭部的接合處以戳針戳刺固定，再於接合處追加少量白色羊毛後，戳刺加強固定。

<原寸組件圖稿>

☆除了頭＆身體使用填充羊毛製作之外，其餘皆以羊毛條製作。

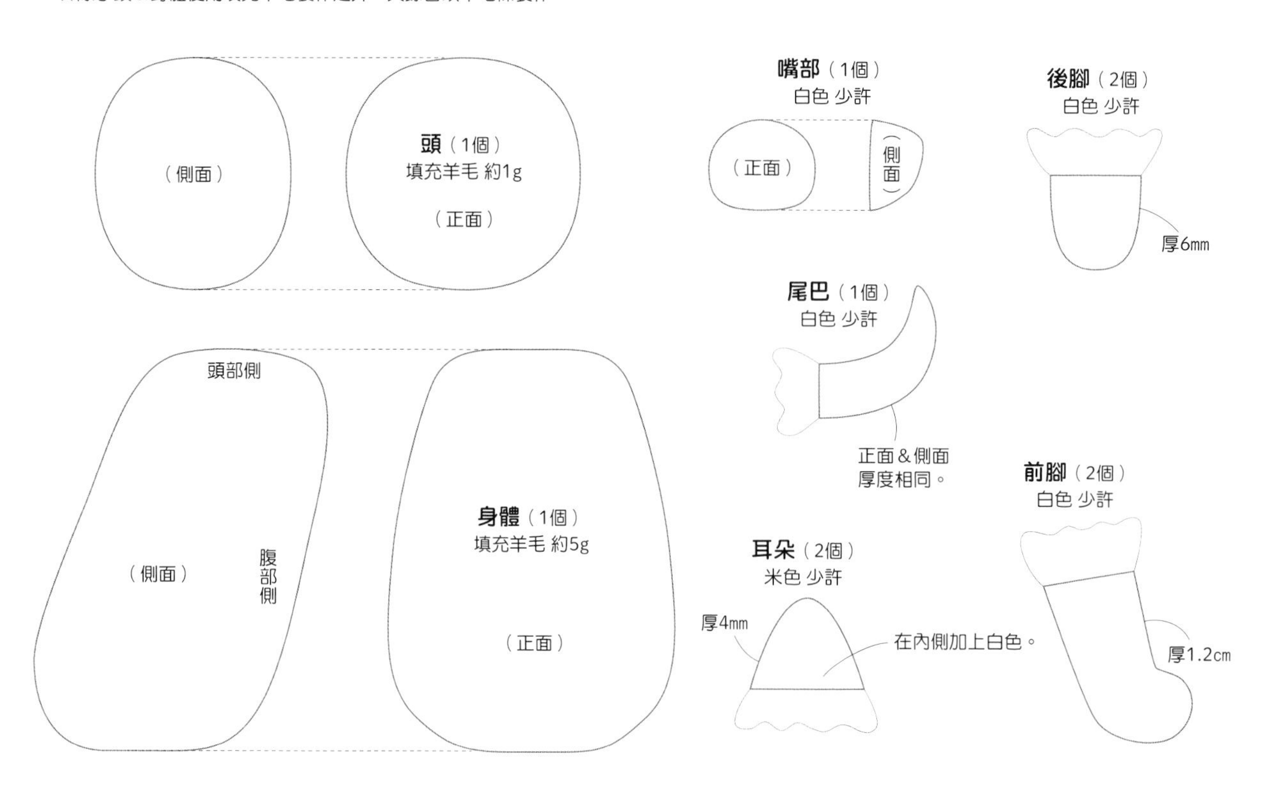

⑧ 接合耳朵。

以手捏出耳朵的形狀，並將軟毛向頭部後側攤開成弧線狀，對準頭部的接合處以戳針戳刺固定，再於接合處追加少量米色羊毛戳刺加強固定，並在耳朵內側加上粉紅色。

⑨ 在頭部加上米色。

⑩ 在額頭加上白色。

⑪ 加上鼻子。

取少量象牙黑羊毛，放在工作墊上輕戳成鼻子的形狀，放在嘴部鼻頭處以戳針戳刺固定。

⑫ 加上鼻子下方的線條＆嘴線。

取少量象牙黑羊毛，以手指捻成粗細適當的細線，戳刺固定在鼻子下方。

⑬ 加上眼睛。

找到眼睛的位置，以錐子戳出小洞，接著將單色圓眼沾取白膠後插入，再於眼睛周圍追加少量象牙黑羊毛戳刺固定。

⑭ 加上尾巴。

整理尾巴的軟毛，對準與屁屁的接合處以戳針戳刺固定，再於尾巴根部分次追加少量的白色羊毛加強固定。

⑮ 在背部加上米色。

⑯ 在腳尖處加上爪線。

取極少量象牙黑羊毛，以手指捻成細線後戳刺固定成爪線。

<作法順序圖>

❶ 參照原寸組件圖稿，以指定的羊毛製作各組件。

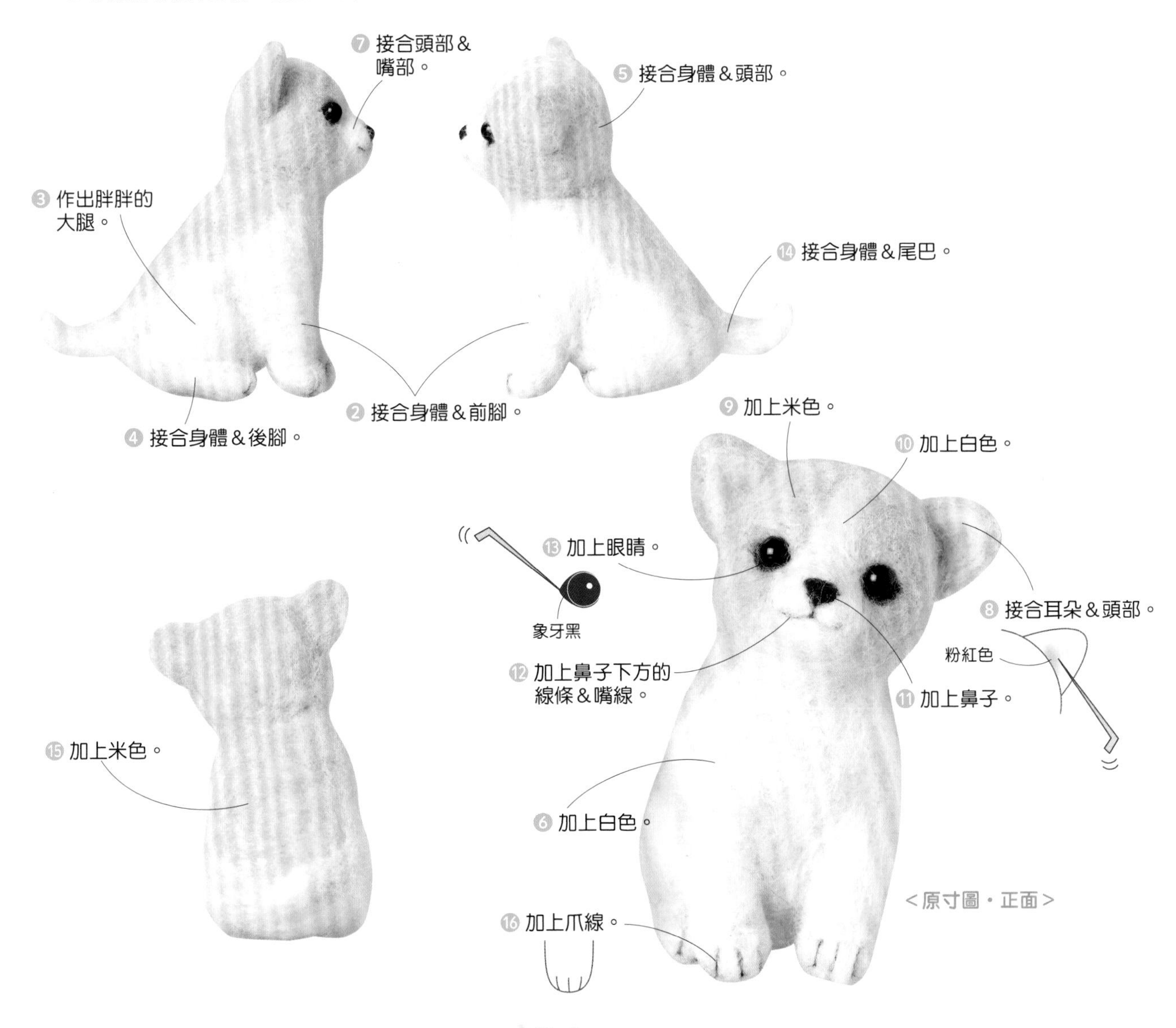

吉娃娃成犬 …P.6至P.7

材料

HAMANAKA填充羊毛：象牙白（310）10g
HAMANAKA羊毛條
　Solid：白色（1）6g
　Natural Blend：米色（807）2g
　　　　　　　　淺咖啡（808）少量
　Mix：象牙黑（209）少量
　植毛Straight：杏桃色（552）少量
HAMANAKA彩色圓眼：透明棕6mm　2個

作品尺寸　高10.3cm

★請先閱讀P.34至P.41（柴犬的作法），
　掌握基本要領後再開始製作。

作法

❶ 參照原寸組件圖稿，以指定的羊毛製作各組件。

❷ 接合身體＆前腳。

整理前腳上方的軟毛，對準與身體的接合處以戳針戳刺固定。再於接合處追加少量白色羊毛，修整塑形並戳刺固定。

❸ 作出胖胖的大腿。

撕取少量白色羊毛，整理成適當的形狀＆放在大腿的位置後，以戳針戳刺固定。再重疊追加羊毛＆修整塑形，作出胖胖的大腿。

❹ 接合身體＆後腳。

攤開後腳的軟毛，對準與身體底部的接合處以戳針戳刺固定。

❺ 接合身體＆頭部。

頭部對準身體上方的接合處並稍往右側轉一點，以戳針戳刺一圈固定，再分次追加白色羊毛，垂直放在頭與身體的接合處後以戳針戳刺固定，並重複戳刺脖子周圍加強固定。

❻ 接合頭部＆嘴部。

將嘴部對準頭部的接合處以戳針戳刺固定，並在接合處追加少量白色羊毛後，戳刺加強固定。

❼ 接合耳朵。

以手捏出耳朵的形狀並將軟毛向頭部後側攤開，對準頭部的接合處以戳針戳刺固定。再於接合處追加少量米色羊毛後，戳刺加強固定。

❽ 加上尾巴。

攤開尾巴的軟毛，對準與屁屁的接合處以戳針戳刺固定，再於尾巴根部追加少量的白色羊毛後，戳刺加強固定。

❾ 在胸部、腹部、底部及頭部加上白色。

❿ 在頭部＆背部加上米色。

⓫ 加上鼻子。

取少量象牙黑羊毛，放在工作墊上輕戳成鼻子的形狀後，放在嘴部鼻頭處，以戳針戳刺固定。

⓬ 加上鼻子下方的線條＆嘴線。

取少量象牙黑羊毛，以手指捻成粗細適當的細線，戳刺固定在鼻子下方。

＜原寸組件圖稿＞

☆除了頭＆身體使用填充羊毛製作之外，其餘皆以羊毛條製作。

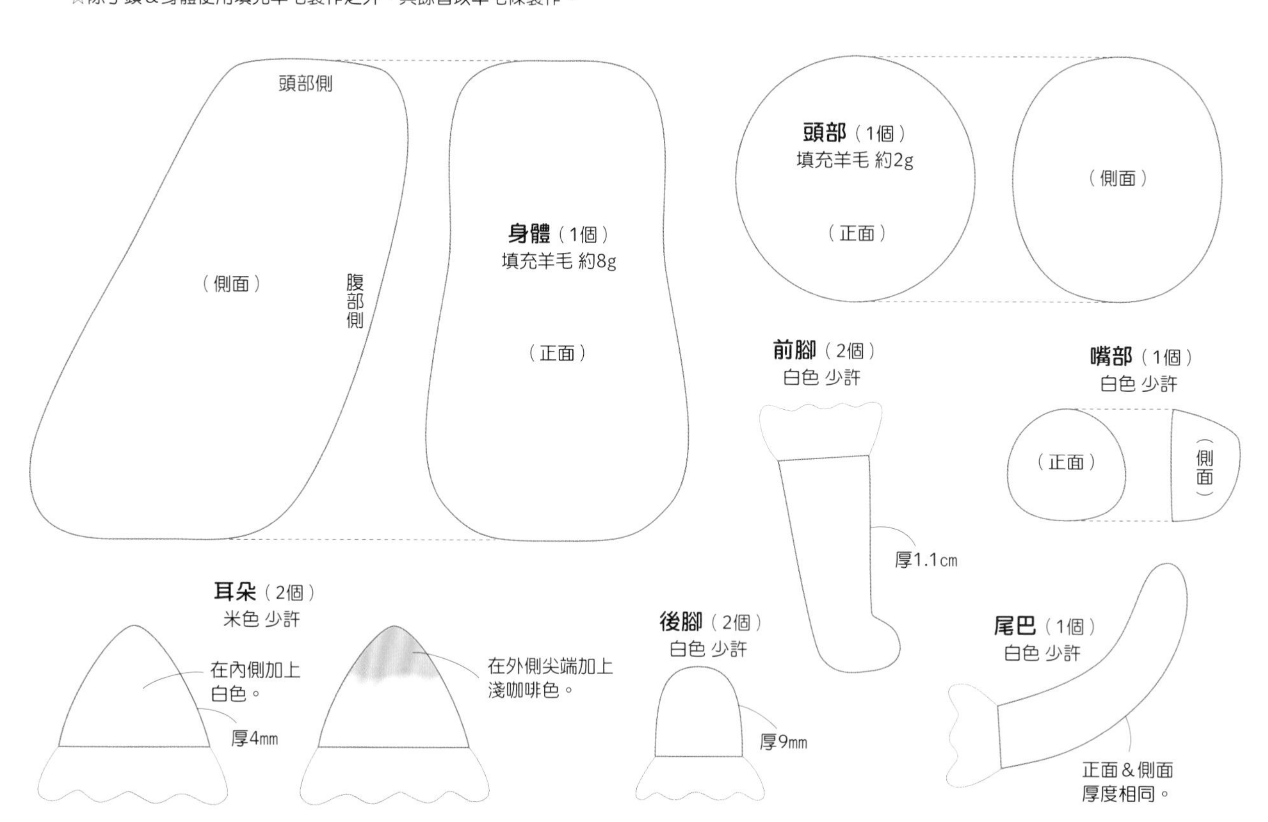

⑬ 加上眼睛。

找到眼睛的位置，以錐子戳出小洞，接著將彩色圓眼沾取白膠後插入，再於眼尾追加少量象牙黑羊毛戳刺固定。

⑭ 在腳尖處加上爪線。

取極少量象牙黑羊毛，以手指捻成細線後戳刺固定成爪線。

⑮ 在尾巴加上植毛（參照P.95）。

剪下2.5cm寬的白色植毛，從尾巴末端至屁屁進行柔順感的植毛。

⑯ 在胸部上植毛。

剪下2.5cm寬的白色植毛，進行柔順感的植毛。

⑰ 在臉部兩側植毛。

取杏桃色植毛，參照圖示進行植毛。

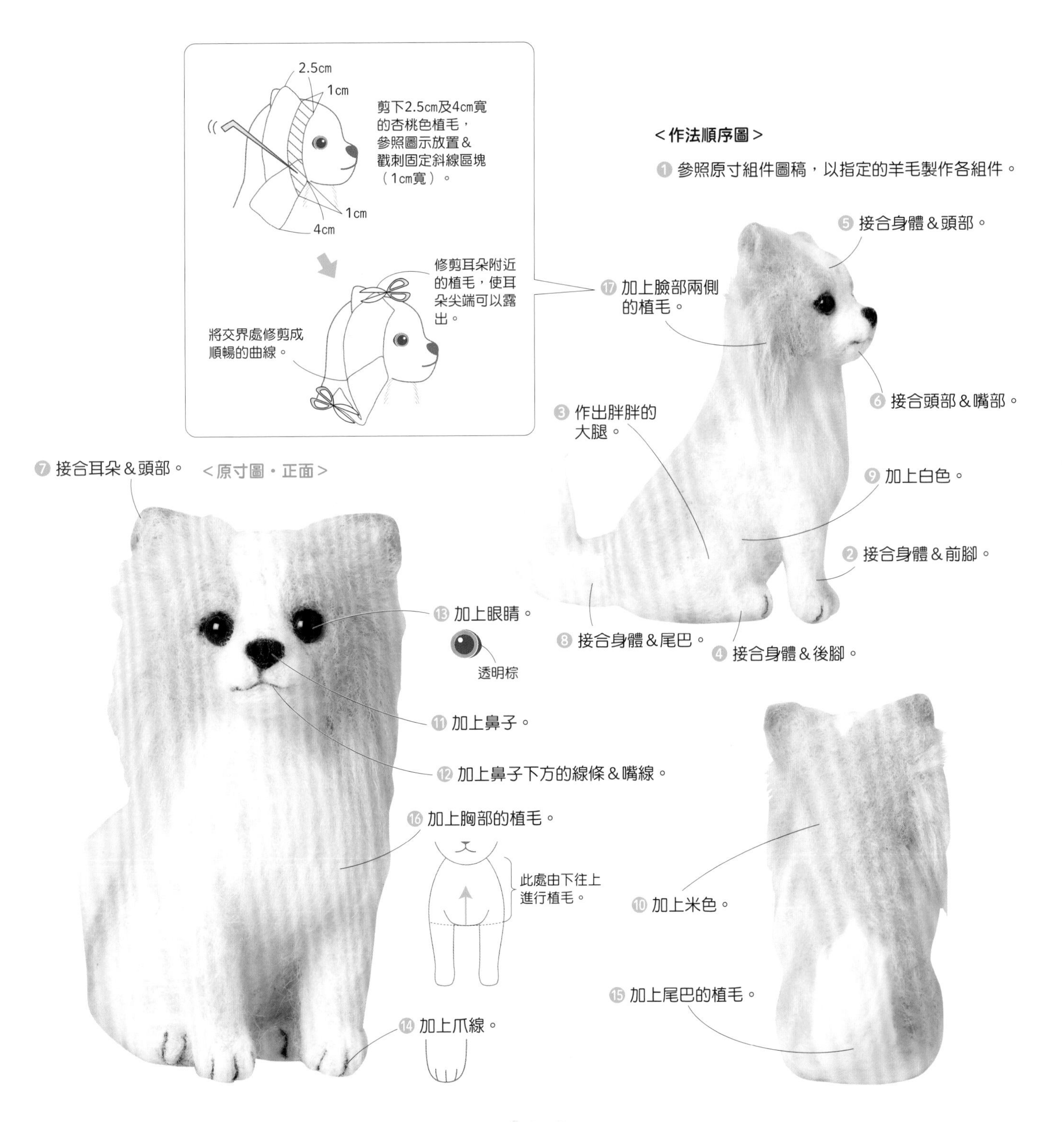

紅貴賓 … P.8至P.9

材料

HAMANAKA填充羊毛：象牙白（310）7g
HAMANAKA羊毛條
　Natural Blend：淺咖啡（808）2g
　Mix：象牙黑（209）少量
　植毛Curl：紅色（523）5g
HAMANAKA單色圓眼：5mm　2個

作品尺寸　高8.4cm

★請先閱讀P.34至P.41（柴犬的作法），
掌握基本要領後再開始製作。

作法

❶ 參照原寸組件圖稿，以指定的羊毛製作各組件。

❷ 接合身體＆前腳。
整理前腳上方的軟毛，對準與身體的接合處以戳針戳刺固定。再於接合處追加少量淺咖啡色羊毛，修整塑形並戳刺固定。

❸ 作出胖胖的大腿。
撕取少量淺咖啡色羊毛，整理成適當的形狀＆放在大腿的位置後，以戳針戳刺固定。再重疊追加羊毛＆修整塑形，作出胖胖的大腿。

❹ 接合身體＆後腳。
攤開後腳的軟毛，對準與身體底部的接合處以戳針戳刺固定。

❺ 接合身體＆頭部。
頭部對準身體上方的接合處，以戳針戳刺一圈固定，再分次追加淺咖啡色羊毛，垂直放在頭與身體的接合處以戳針戳刺固定，並重複戳刺脖子周圍加強固定。

❻ 接合頭部＆嘴部。
將嘴部對準頭部的接合處以戳針戳刺固定，再於接合處追加少量淺咖啡色羊毛後，戳刺加強固定。

❼ 加上尾巴。
攤開尾巴的軟毛，對準與屁屁的接合處以戳針戳刺固定，再於尾巴根部追加少量的淺咖啡色羊毛加強固定。

❽ 接合耳朵。
以手捏出耳朵的形狀並將軟毛向頭部後側攤開，對準頭部的接合處以戳針戳刺固定，再於接合處追加少量淺咖啡色羊毛後，戳刺加強固定。

❾ 在耳朵加上植毛（參照P.95）。
參照圖示放置植毛Curl，以戳針戳刺固定。

❿ 在全身加上植毛（參照P.95）。
參照圖示放置植毛Curl，以戳針戳刺固定。

<原寸組件圖稿>
☆除了頭＆身體使用填充羊毛製作之外，其餘皆以淺咖啡色羊毛條製作。

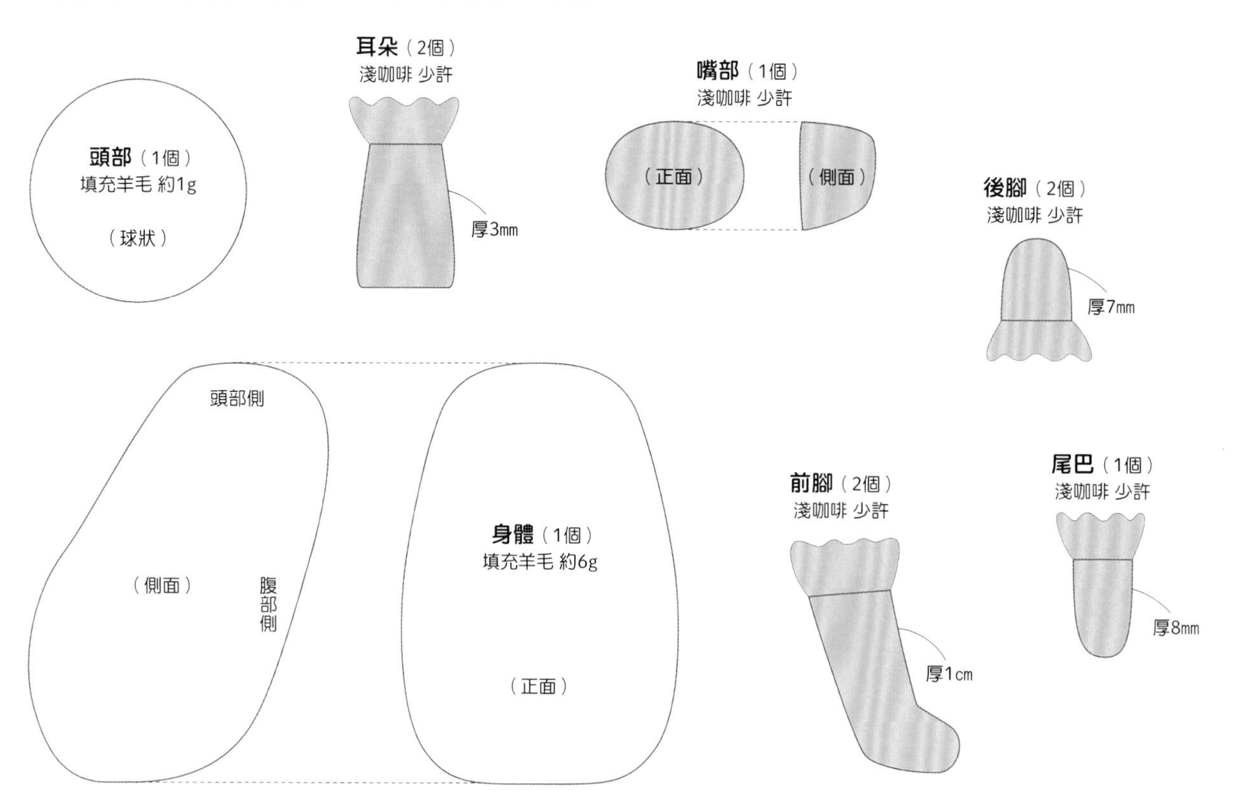

⑪ 加上鼻子。

取少量象牙黑羊毛，放在工作墊上輕戳成鼻子的形狀後，放在嘴部鼻頭處，以戳針戳刺固定。

⑫ 加上鼻子下方的線條＆嘴線。

取少量象牙黑羊毛，以手指捻成粗細適當的細線，戳刺固定在鼻子下方。

⑬ 加上眼睛。

找到眼睛的位置，以錐子戳出小洞，將單色圓眼沾取白膠後插入。

<作法順序圖>

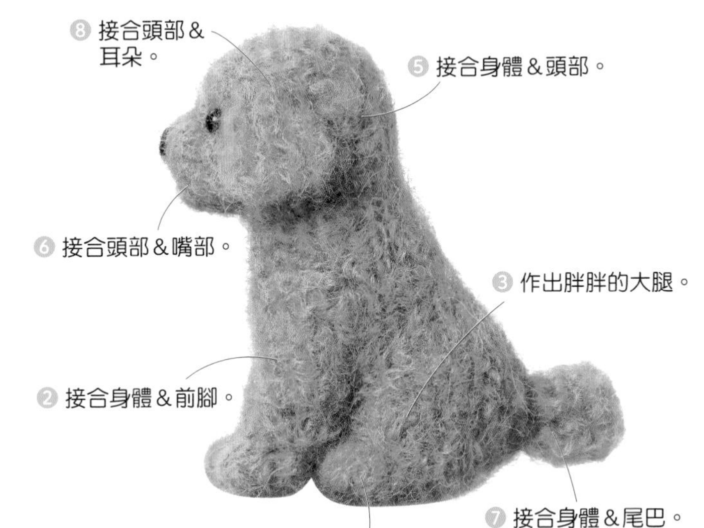

<原寸圖・正面>

傑克羅素梗犬 …P.10

材料

HAMANAKA填充羊毛：象牙白（310）9g
HAMANAKA羊毛條
　Solid：白色（1）4g
　Natural Blend：淺咖啡（808）1g
　Mix：象牙黑（209）少量
HAMANAKA單色圓眼：5mm　2個

作品尺寸　高7.5cm

★請先閱讀P.34至P.41（柴犬的作法），掌握基本要領後再開始製作。

作法

❶ 參照原寸組件圖稿，以指定的羊毛製作各組件。

❷ 接合身體＆前腳。
整理前腳上方的軟毛，對準與身體底部的接合處以戳針戳刺固定。再於接合處追加少量白色羊毛戳刺固定。

❸ 接合身體＆後腳。
攤開後腳的軟毛，對準與身體側邊的接合處以戳針戳刺固定。再於接合處追加少量白色羊毛，作出結實的肌肉並戳刺固定。

❹ 接合身體＆頭部。
頭部對準身體上方的接合處，並稍往右上方傾斜後以戳針戳刺一圈固定，再分次追加白色羊毛，垂直放在頭與身體的接合處以戳針戳刺固定，並重複戳刺脖子周圍加強固定。

❺ 接合頭部＆嘴部。
將嘴部對準頭部的接合處以戳針戳刺固定，並在接合處追加少量白色羊毛後，戳刺加強固定。

<原寸組件圖稿>

☆除了頭＆身體使用填充羊毛製作之外，其餘皆以羊毛條製作。

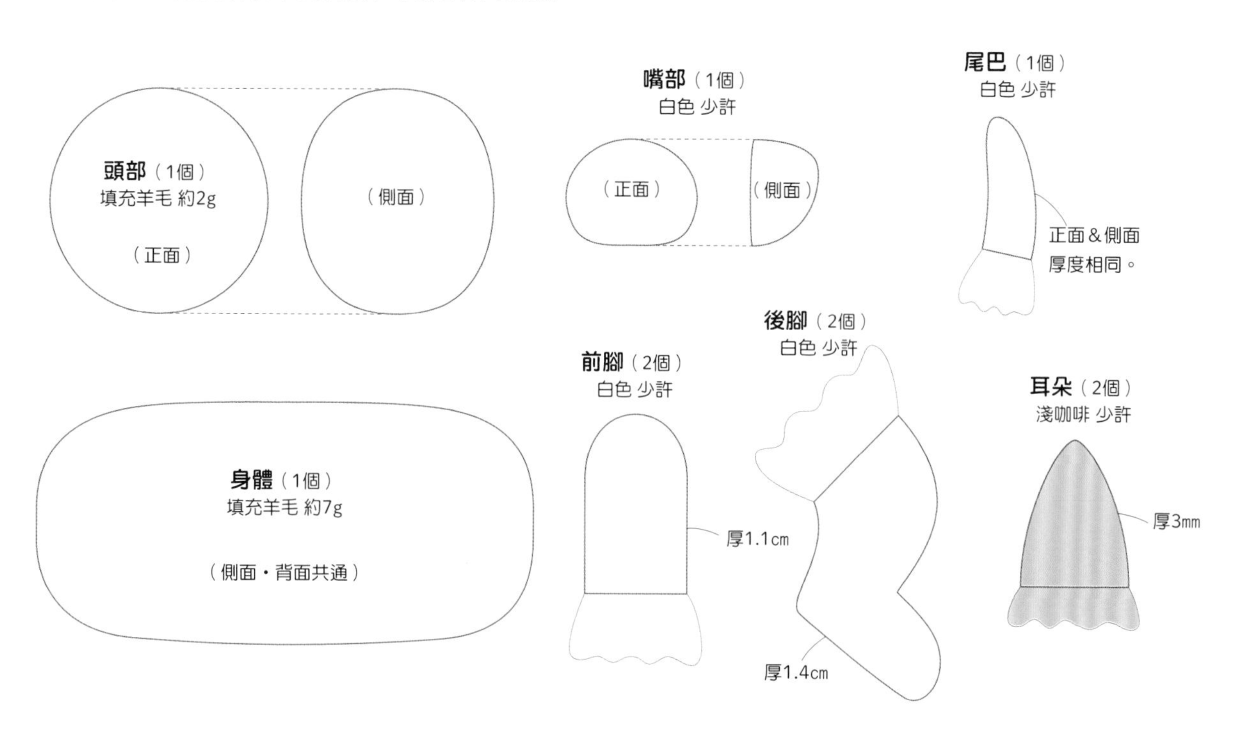

❻ 將頭部＆身體戳刺上白色羊毛。

在可以看見填充羊毛處加上白色羊毛後以戳針戳刺固定，讓整體變成白色。

❼ 接合尾巴。

攤開尾巴的軟毛，對準與屁屁的接合處以戳針戳刺固定。再於尾巴根部追加少量的白色羊毛後，戳刺加強固定。

❽ 在頭部＆身體加上淺咖啡色的斑紋。

❾ 接合耳朵。

將耳朵調整成往前垂下的狀態，並將軟毛向頭部後側攤開，對準頭部的接合處以戳針戳刺固定。再於接合處追加少量淺咖啡色羊毛後，戳刺加強固定。

❿ 加上鼻子。

取少量象牙黑羊毛，放在工作墊上輕戳成鼻子的形狀後，放在嘴部鼻頭處，以戳針戳刺固定。

⓫ 加上鼻子下方的線條＆嘴線。

取少量象牙黑羊毛，以手指捻成粗細適當的細線，戳刺固定在鼻子下方。

⓬ 加上眼睛。

找到眼睛的位置，以錐子戳出小洞，將單色圓眼沾取白膠後插入。再取少量淺咖啡色羊毛加在眼睛上方處，作出蓬起的上眼皮，並在眼尾處戳刺象牙黑羊毛。

⓭ 在腳尖處加上爪線。

取極少量象牙黑羊毛，以手指捻成細線後戳刺固定成爪線。

⓮ 加上後腳的肉球。

取少量象牙黑羊毛，放在工作墊上輕戳成肉球的形狀後，放在腳底以戳針戳刺固定。

<作法順序圖>

❶ 參照原寸組件圖稿，以指定的羊毛製作各組件。

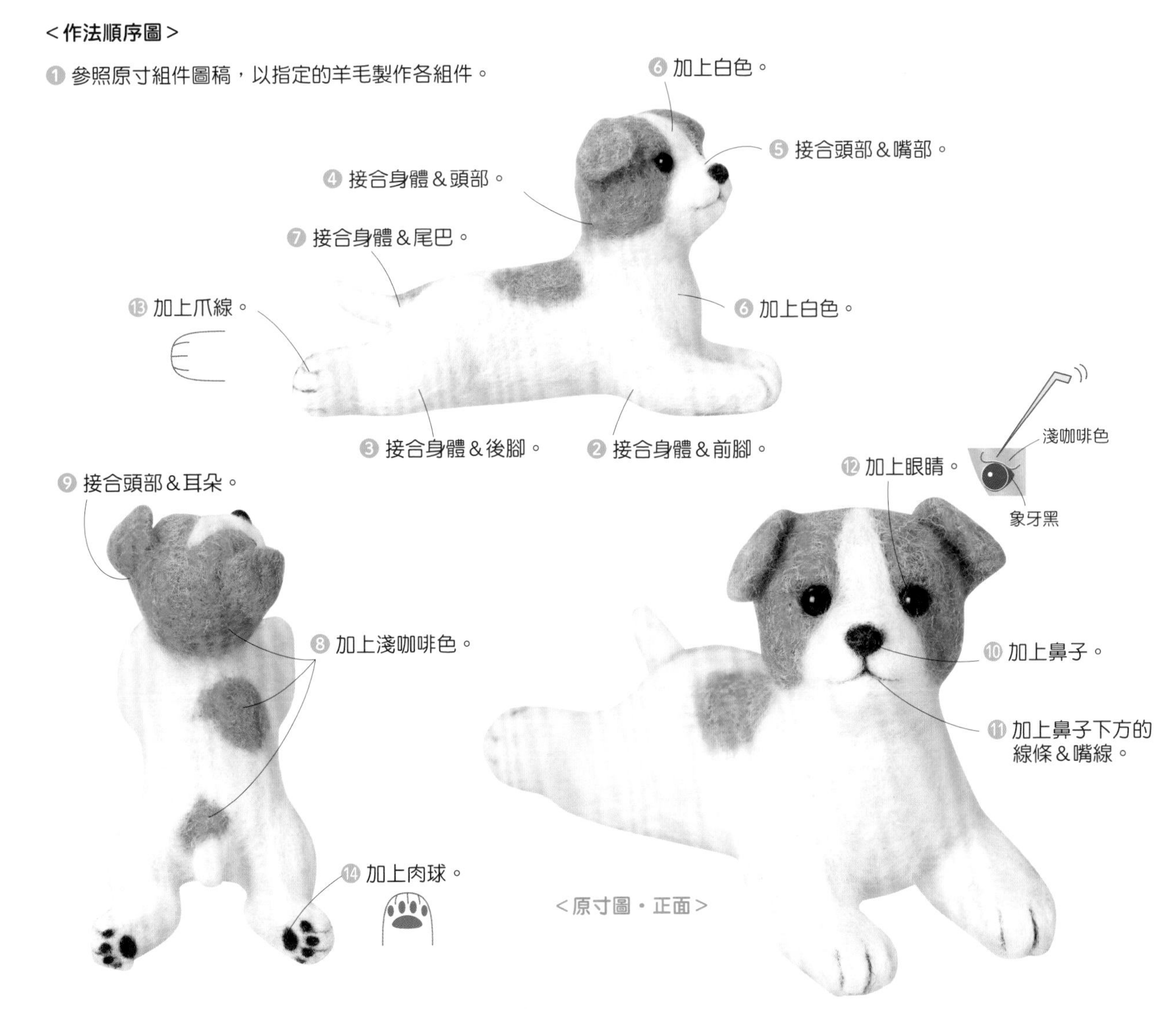

<原寸圖・正面>

迷你臘腸犬 … P.12至P.13

材料（1体分）

紅棕色臘腸犬

HAMANAKA填充羊毛：象牙白（310）11g

HAMANAKA羊毛條

Mix：紅棕色（220）6g

象牙黑（209）少量

Solid：焦茶色（41）少量

HAMANAKA單色圓眼：5mm　2個

米色臘腸犬

HAMANAKA填充羊毛：象牙白（310）11g

HAMANAKA羊毛條

Natural Blend：米色（807）6g

淺咖啡（808）少量

Mix：象牙黑（209）少量

HAMANAKA單色圓眼：5mm　2個

作品尺寸　高7.5cm

★請先閱讀P.34至P.41（柴犬的作法），
掌握基本要領後再開始製作。

作法 ＊[ ]內為米色作品。

❶ 參照原寸組件圖稿，以指定的羊毛製作各組件。

❷ 接合身體＆前腳、後腳。

整理腳部上方的軟毛，對準與身體側邊的接合處以戳針戳刺固定。再於接合處追加少量紅棕色［米色］羊毛，作出結實的肌肉並戳刺固定。

❸ 接合身體＆頭部。

頭部對準身體上方的接合處，以戳針戳刺一圈固定，再分次追加紅棕色［米色］羊毛，垂直放在頭與身體的接合處以戳針戳刺固定，並重複戳刺脖子周圍加強固定。

❹ 在身體＆頭部加上紅棕色[米色]。

在看得見填充羊毛處，疊上紅棕色［米色］羊毛以戳針戳刺固定，使整體變成紅棕色［米色］。

❺ 接合頭部＆嘴部。

將嘴部對準頭部的接合處以戳針戳刺固定，再於接合處追加少量紅棕色［米色］羊毛後，戳刺加強固定。將嘴部的位置稍微往右移動就能作出向右轉的臉。

<原寸組件圖稿>

☆除了頭＆身體使用填充羊毛製作之外，其餘皆以紅棕色（202）〔米色（807）〕的羊毛條製作。

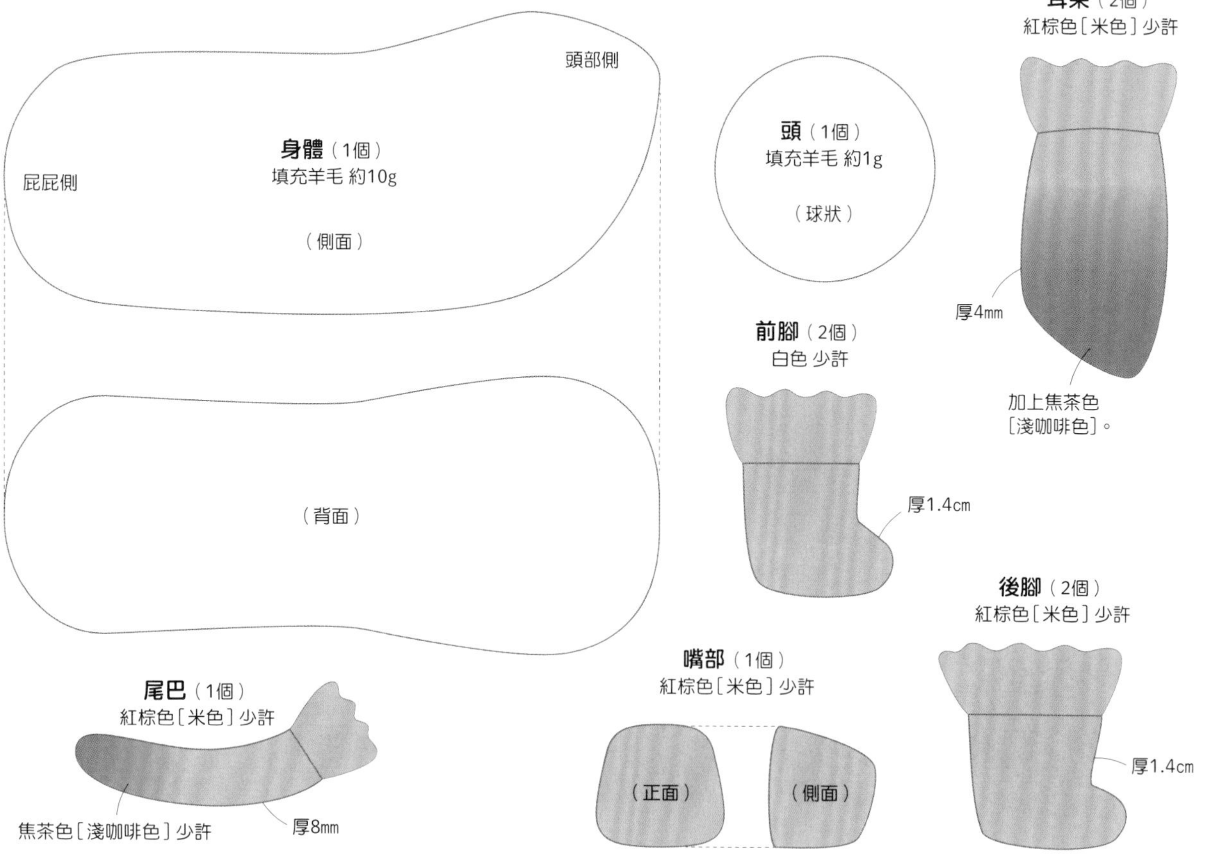

⑥ 加上鼻子。

取少量象牙黑羊毛，放在工作墊上輕戳成鼻子的形狀後，放在嘴部鼻頭處，以戳針戳刺固定。

⑦ 加上鼻子下方的線條＆嘴線。

取少量象牙黑羊毛，以手指捻成粗細適當的細線，戳刺固定在鼻子下方。

⑧ 加上眼睛。

找到眼睛的位置，以錐子戳出小洞，將單色圓眼沾取白膠後插入。再取少量紅棕色［米色］羊毛加在眼睛上方處，作出蓬起的上眼皮，最後在眼尾處戳刺象牙黑羊毛。

⑨ 接合耳朵。

將耳朵的軟毛向頭部後側攤開成弧線狀，對準頭部的接合處後以戳針戳刺固定。再於接合處追加少量紅棕色［米色］羊毛後，戳刺加強固定，並將橫向立起的耳朵向下彎摺後以戳針戳刺固定。

⑩ 在腳尖處加上爪線。

取極少量焦茶色［淺咖啡］羊毛，以手指捻成細線後戳刺固定成爪線。

⑪ 加上尾巴。

攤開尾巴的軟毛，對準與屁屁的接合處以戳針戳刺固定。再於尾巴根部追加少量的紅棕色［米色］羊毛加強固定。

<作法順序圖>

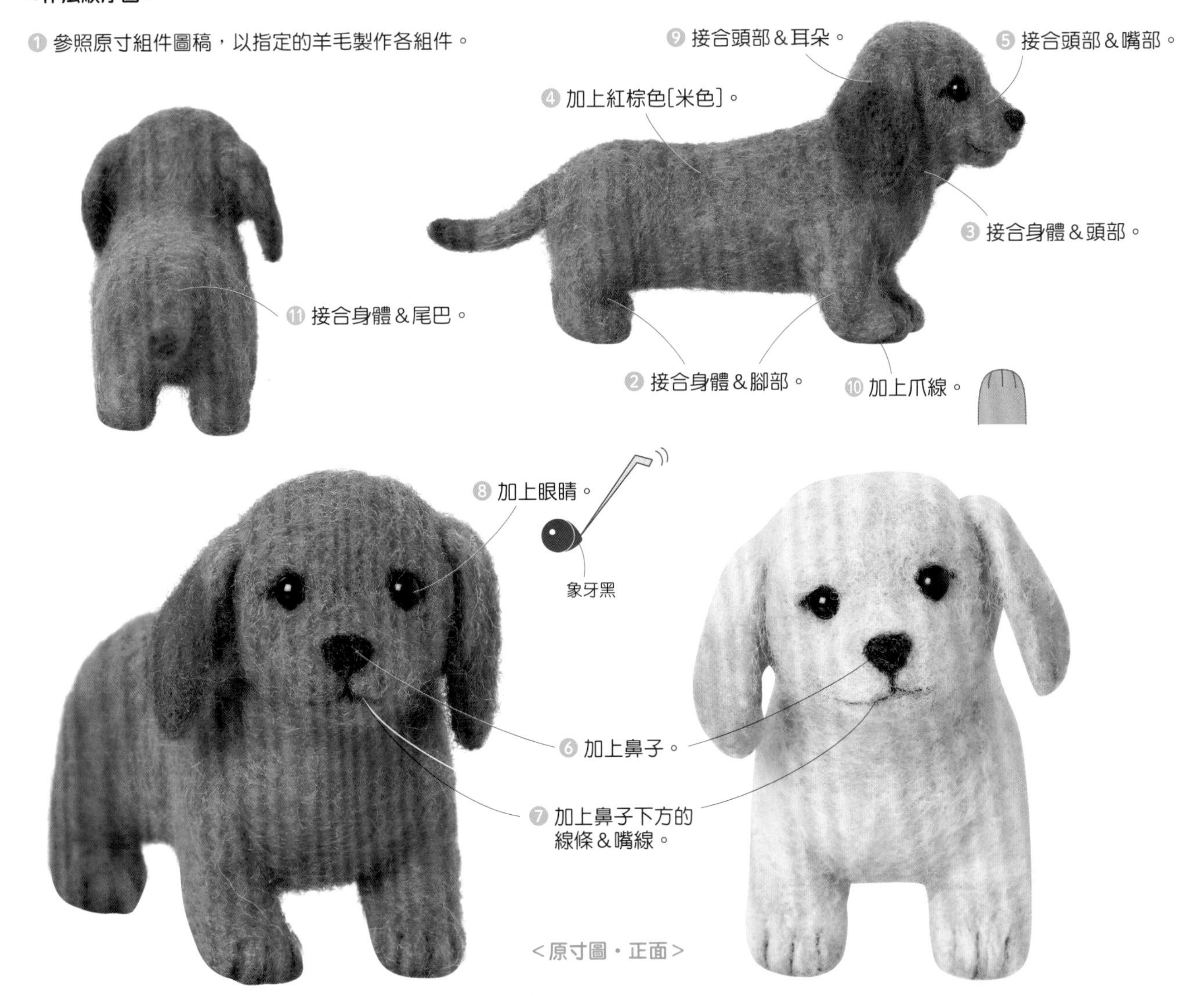

查理士王小獵犬 幼犬 … P.14至P.15

材料

HAMANAKA填充羊毛：象牙白（310）6g
HAMANAKA羊毛條
Solid：白色（1）5g
粉紅色（36）少量
Mix：紅棕色（220）1g
象牙黑（209）少量
Natural Blend：朱紅色（834）少量
植毛Curl：暗紅色（524）少量
HAMANAKA單色圓眼：4.5㎜　2個

作品尺寸　高7.5㎝

★請先閱讀P.34至P.41（柴犬的作法），
掌握基本要領後再開始製作。

作法

❶ 參照原寸組件圖稿，以指定的羊毛製作各組件。

❷ 接合身體＆前腳。

整理前腳上方的軟毛，對準與身體的接合處以戳針戳刺固定。再於接合處追加少量白色羊毛，修整塑形並戳刺固定。

❸ 作出胖胖的大腿。

撕取少量白色羊毛，整理成適當的形狀、放在大腿的位置以戳針戳刺固定。再重疊追加羊毛＆修整塑形，作出胖胖的大腿。

❹ 接合身體＆後腳。

攤開後腳的軟毛，對準與身體底部的接合處以戳針戳刺固定。

❺ 接合身體＆頭部。

頭部對準身體上方的接合處，以戳針戳刺一圈固定。再分次追加白色羊毛，垂直放在頭與身體的接合處以戳針戳刺固定，並重複戳刺脖子周圍加強固定。

❻ 接合頭部＆嘴部。

將嘴部對準頭部的接合處以戳針戳刺固定，並在接合處追加少量白色羊毛後，戳刺加強固定。

❼ 在頭部＆身體加上白色。

❽ 在頭部＆身體加上紅棕色。

❾ 接合耳朵。

將耳朵的軟毛向頭部後側攤開，對準頭部的接合處以戳針戳刺固定，再於接合處追加少量紅棕色羊毛後，戳刺加強固定。

❿ 在耳朵加上植毛。

參照圖示解說，加上暗紅色的植毛。

＜原寸組件圖稿＞

☆除了頭＆身體使用填充羊毛製作之外，其餘皆以羊毛條製作。

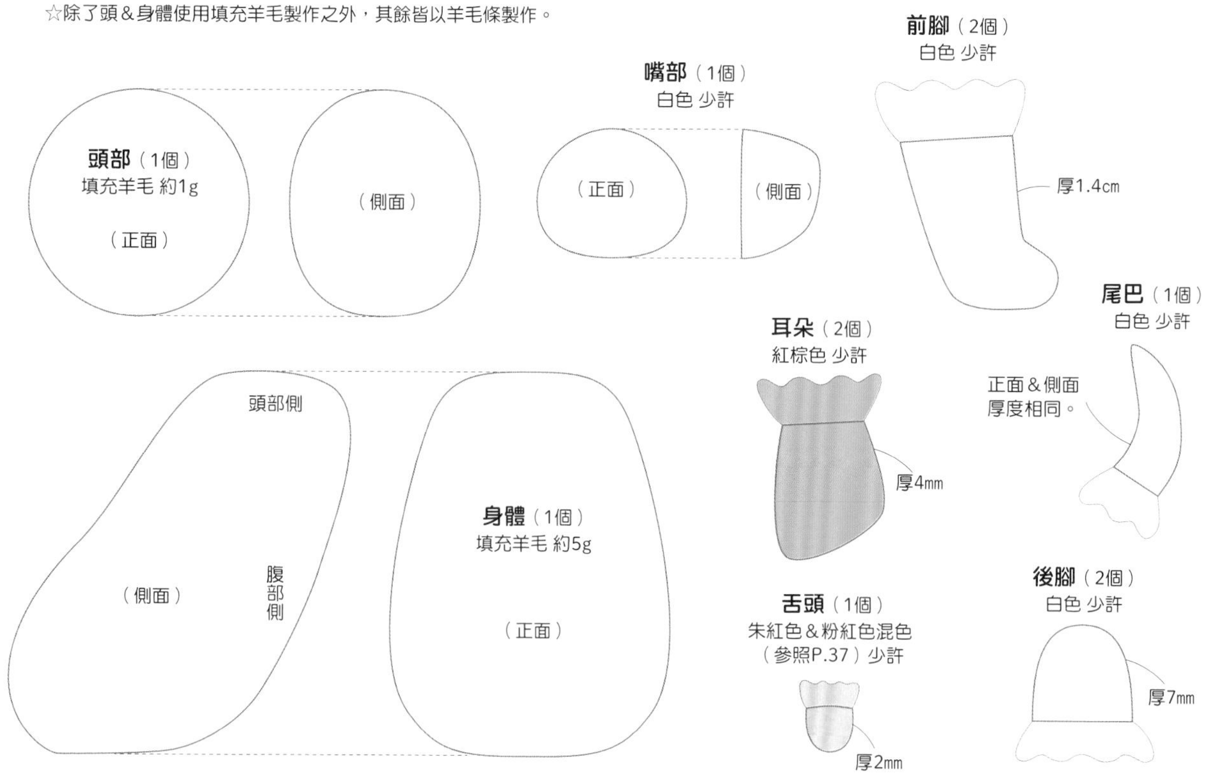

⑪　加上鼻子。
取少量象牙黑羊毛，放在工作墊上輕戳成鼻子的形狀後，放在嘴部鼻頭處，以戳針戳刺固定。
⑫　加上鼻子下方的線條＆嘴線。
取少量象牙黑羊毛，以手指捻成粗細適當的細線，戳刺固定在鼻子下方。
⑬　加上舌頭。
將舌頭戳刺固定於嘴部中，並用力地戳刺舌頭中間線，讓中間形成一條凹線（參照P.40）。
⑭　加上眼睛。
找到眼睛的位置，以錐子戳出小洞，將單色圓眼沾取白膠後插入，並取少量象牙黑羊毛戳刺固定。
⑮　加上尾巴。
攤開尾巴的軟毛，對準與屁屁的接合處以戳針戳刺固定，再於尾巴根部追加少量的白色羊毛後，戳刺加強固定。
⑯　在腳尖處加上爪線。
取極少量紅棕色羊毛，以手指捻成細線後戳刺固定成爪線。

剪下約6cm的暗紅色植毛後分成2等分（參照P.95植毛Curl的使用方法），並對摺成一半。
放在耳朵上並戳刺固定上方5mm的範圍。
將耳朵整個蓋住，從接合處開始往下戳刺。
在暗紅色植毛的固定處疊上紅棕色羊毛戳刺完成。

<作法順序圖>

❶ 參照原寸組件圖稿，以指定的羊毛製作各組件。

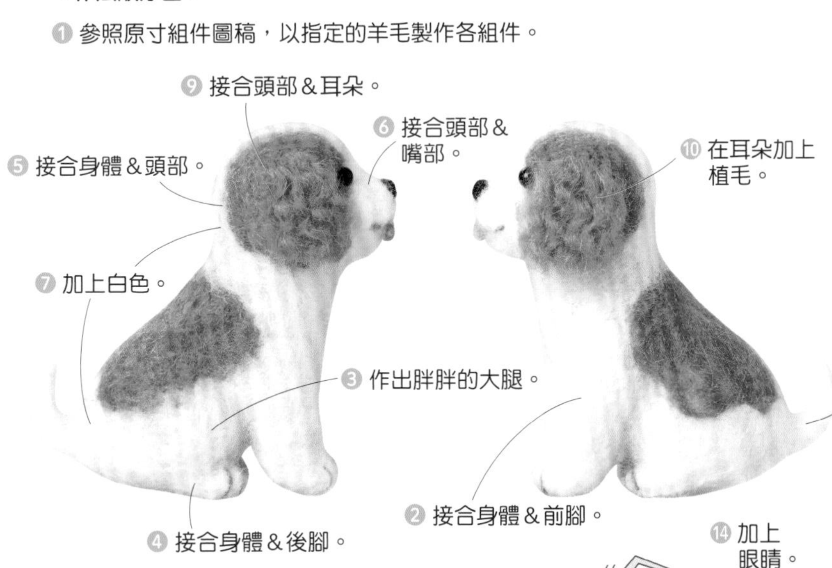

⑮ 接合身體＆尾巴。

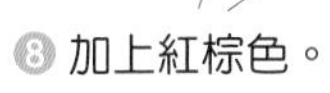

<原寸圖・正面>

⑭ 加上眼睛。
象牙黑
⑪ 加上鼻子。
⑫ 加上鼻子下方的線條＆嘴線。
⑬ 加上舌頭。
⑯ 加上爪線。

查理士王小獵犬 成犬 … P.14至P.15

材料

HAMANAKA填充羊毛：象牙白（310）12g

HAMANAKA羊毛條

Solid：白色（1）7g

Mix：象牙黑（209）少量

Natural Blend：淺咖啡（808）3g

植毛Curl：暗紅色（524）少量

HAMANAKA單色圓眼：5㎜　2個

作品尺寸　高10.5㎝

★請先閱讀P.34至P.41（柴犬的作法），掌握基本要領後再開始製作。

作法

❶ 參照原寸組件圖稿，以指定的羊毛製作各組件。

❷ 接合身體＆前腳。

整理前腳上方的軟毛，對準與身體的接合處以戳針戳刺固定。再於接合處追加少量白色羊毛，修整塑形並戳刺固定。

❸ 作出胖胖的大腿。

撕取少量白色羊毛，整理成適當的形狀＆放在大腿的位置後，以戳針戳刺固定。再重疊追加羊毛＆修整塑形，作出胖胖的大腿。

❹ 接合身體＆後腳。

攤開後腳的軟毛，對準與身體底部的接合處以戳針戳刺固定。

❺ 接合身體＆頭部。

頭部對準身體上方的接合處，以戳針戳刺一圈固定。再分次追加白色羊毛，垂直放在頭與身體的接合處以戳針戳刺固定，並重複戳刺脖子周圍加強固定。

❻ 接合頭部＆嘴部。

將嘴部對準頭部的接合處以戳針戳刺固定，並於接合處追加少量白色羊毛後，戳刺加強固定。

❼ 在頭部＆身體加上白色。

❽ 在頭部＆身體加上淺咖啡色。

❾ 接合耳朵。

整理耳朵的軟毛，對準頭部的接合處以戳針戳刺固定。

＜原寸組件圖稿＞

☆除了頭＆身體使用填充羊毛製作之外，其餘皆以羊毛條製作。

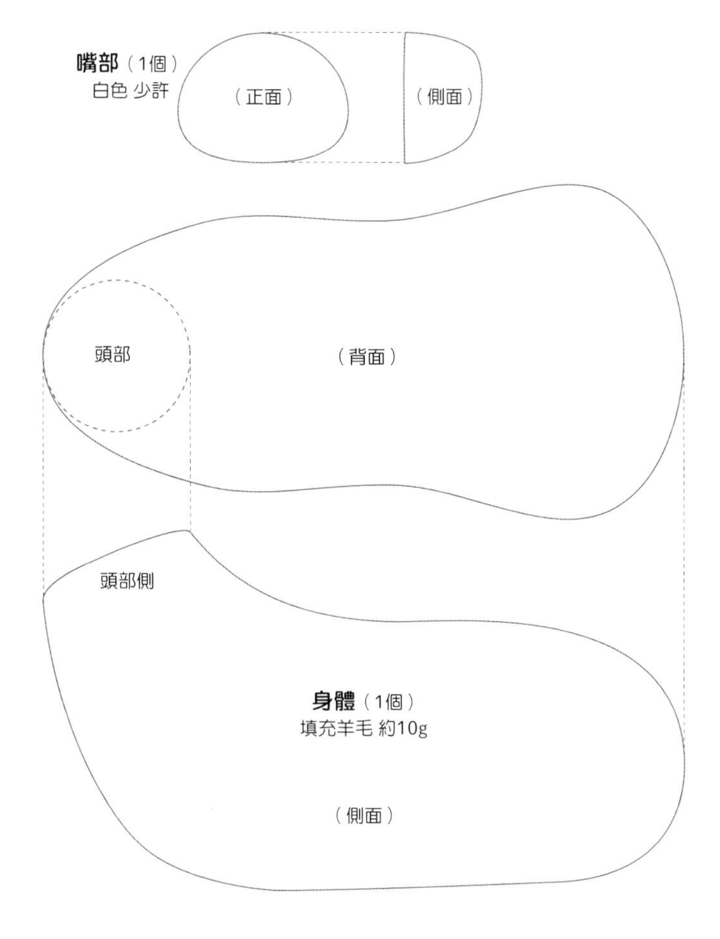

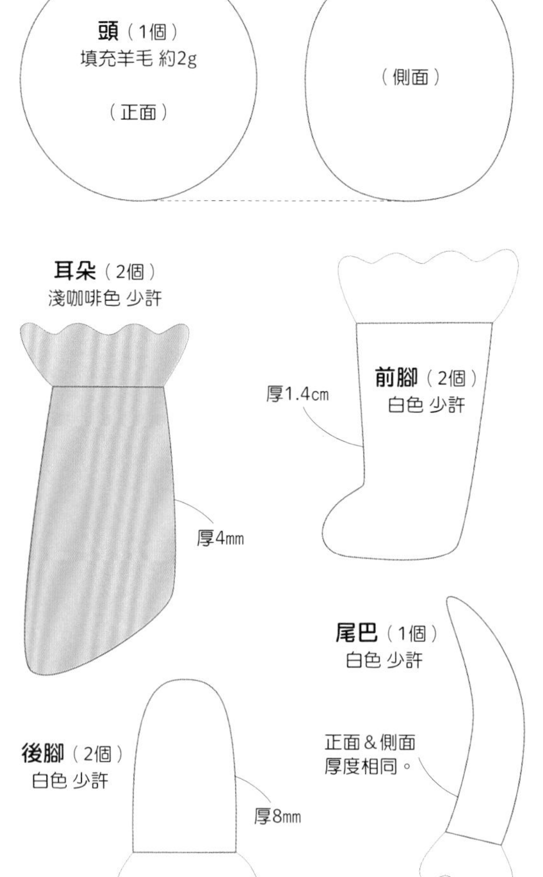

⑩ 加上尾巴。

整理尾巴的軟毛，對準與屁屁的接合處以戳針戳刺固定，再於尾巴根部追加少量的白色羊毛加強固定。

⑪ 在耳朵加上植毛。

參照圖示解說，加上暗紅色的植毛。

⑫ 在尾巴上植毛。

剪下約3cm的白色羊毛，從尾巴末端往屁屁接合處的方向進行柔順感的植毛（參照P.95）。

⑬ 在身體上植毛。

依照P.60圖示解說，由下往上加上白色＆淺咖啡色羊毛戳刺固定。

⑭ 加上鼻子。

取少量象牙黑羊毛，放在工作墊上輕戳成鼻子的形狀後，放在嘴部鼻頭處，以戳針戳刺固定。

⑮ 加上鼻子下方的線條＆嘴線。

取少量象牙黑羊毛，以手指捻成粗細適當的細線，戳刺固定在鼻子下方。

⑯ 加上眼睛。

找到眼睛的位置，以錐子戳出小洞，將單色圓眼沾取白膠後插入，並在眼尾追加少量象牙黑色羊毛戳刺固定。

⑰ 在腳尖處加上爪線。

取極少量淺咖啡色羊毛，以手指捻成細線後戳刺固定成爪線。

<作法順序圖>

① 參照原寸組件圖稿，以指定的羊毛製作各組件。

剪下約3cm的白色羊毛後攤開成薄片狀，
放在身體上後戳刺上半部（斜線部分），
下半部則維持原狀不戳刺。
3cm
以相同方式在胸口至脖子處，
以每段間隔約1.5cm往上
進行植毛。
1.5cm
3cm
完成白色區塊植毛後，
以相同方式進行一段
淺咖啡色植毛。
⑥ 接合頭部＆嘴部。
⑬ 在身體上植毛（參照P.95的柔順感植毛法）。
⑩ 接合身體＆
尾巴。
⑫ 在尾巴上植毛。

博美犬 … P.16

材料

HAMANAKA羊毛條

Natural Blend：米色（807）20g

焦茶色（804）少量

朱紅色（834）少量

Mix：象牙黑（209）少量

Solid：粉紅色（36）少量

HAMANAKA玩偶形狀保持線材〈L〉：

20㎝　2根、3㎝　1根

HAMANAKA單色圓眼：4.5㎜　2個

作品尺寸　高9.7㎝

★請先閱讀P.34至P.41（柴犬的作法），掌握基本要領後再開始製作。

<原寸組件圖稿>

☆組件除了舌頭之外，皆以米色羊毛條製作。

頭（1個）
米色 約1g
（球狀）

耳朵（2個）
米色 少許
在內側＆外側加上焦茶色。
厚4㎜

舌頭（1個）
朱紅色＆粉紅色混色
（參照P.37）少許
厚3㎜

嘴部上半側（1個）
米色 少許

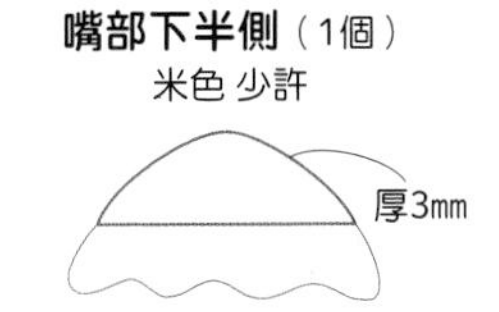

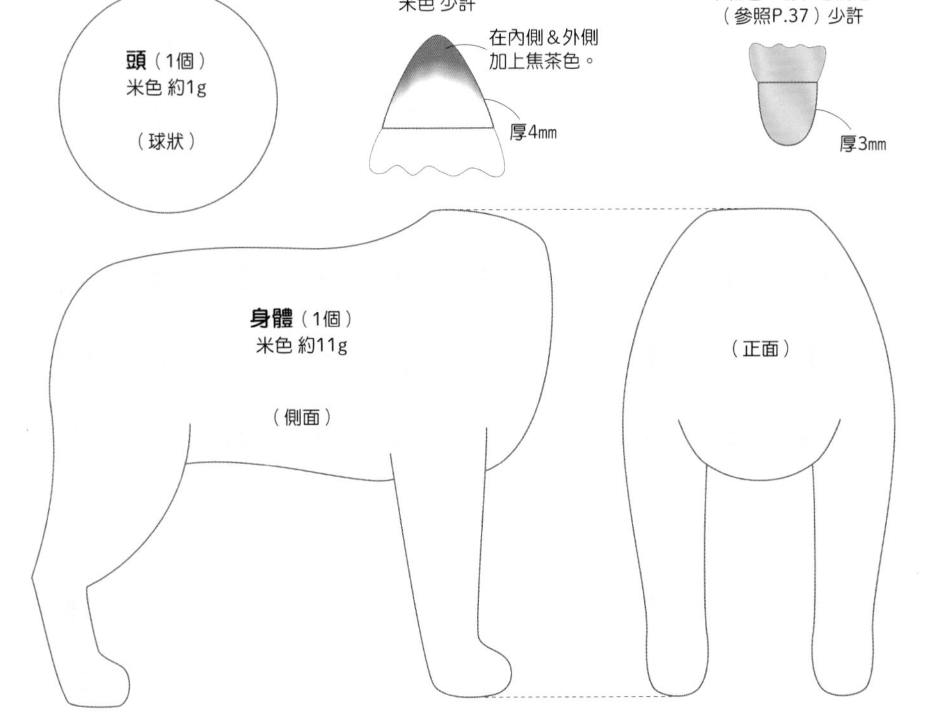

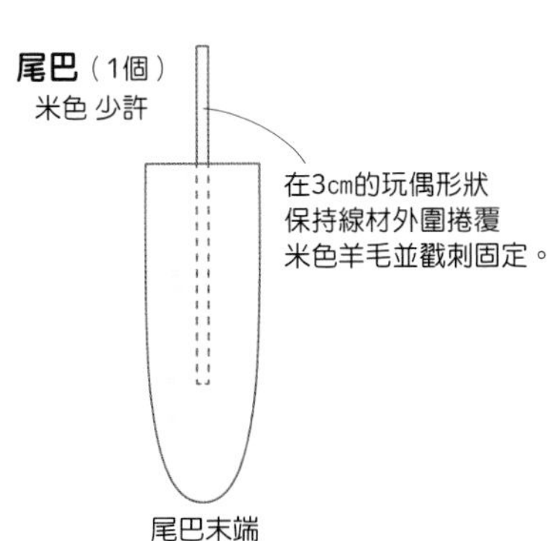

作法

① 參照原寸組件圖稿製作身體以外的組件。

② 製作身體（參照P.74）。

參照圖示解說，使用玩偶形狀保持線材作出基本骨架，在外圍捲覆米色羊毛並戳刺固定，調整至原寸大小。

③ 接合身體＆頭部。

頭部對準身體上方的接合處，以戳針戳刺一圈固定。再分次追加米色羊毛，垂直放在頭與身體的接合處以戳針戳刺固定，並重複戳刺脖子周圍加強固定。

④ 接合頭部＆上、下嘴部。

將嘴部對準頭部的接合處以戳針戳刺固定，並在接合處追加少量米色羊毛後，戳刺加強固定。

⑤ 接合耳朵。

整理耳朵的軟毛，對準頭部的接合處以戳針戳刺固定。並在接合處追加少量米色羊毛，戳刺加強固定。

⑥ 在腳尖處加上爪線。

取極少量象牙黑羊毛，以手指捻成細線後戳刺固定成爪線。

⑦ 參照圖示解說在臉＆腳之外的部分進行植毛。

⑧ 加上鼻子。

取少量象牙黑羊毛，放在工作墊上輕戳成鼻子的形狀後，放在嘴部鼻頭處，以戳針戳刺固定。

⑨ 加上鼻子下方的線條＆嘴線。

取少量象牙黑羊毛，以手指捻成粗細適當的細線，戳刺固定在鼻子下方。

⑩ 在上、下嘴部之間加上舌頭（參照P.40）。

⑪ 加上眼睛。

找到眼睛的位置，以錐子戳出小洞，將單色圓眼沾取白膠後插入。

⑫ 在尾巴上植毛後與屁屁接合。

使用米色羊毛，以⑦的相同方式從尾巴末端至屁屁進行植毛後，以錐子在屁屁處戳出小洞，玩偶形狀保持線材一端沾取白膠後插入，再將尾巴朝身體方向彎曲。

<作法順序圖>

① 參照原寸組件圖稿，
以指定的羊毛製作身體之外的各組件。

② 製作身體（參照P.74）。

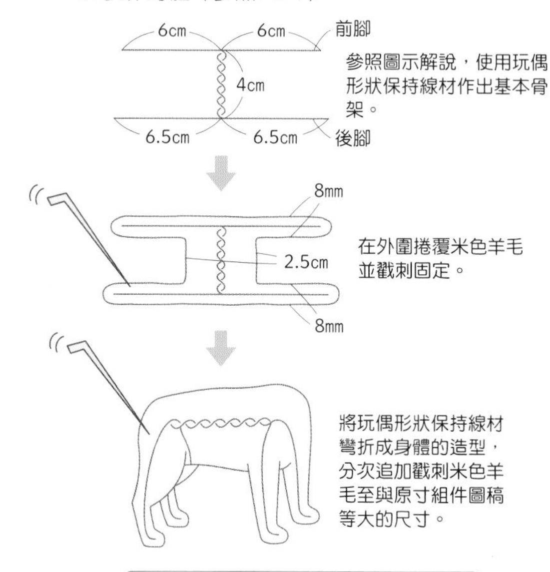

※參照P.95的蓬鬆感植毛技巧。

(1)剪下3.5cm的米色羊毛。

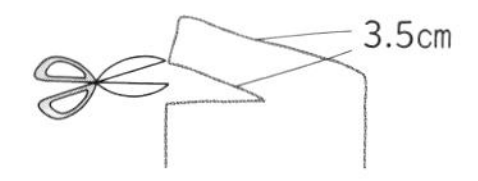

(2)在腳踝外圍包覆一圈薄薄的植毛，並沿著中間線戳刺一圈。

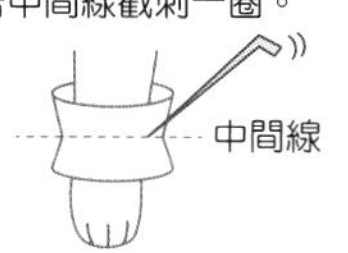

(3)將上半部的羊毛往下對摺，戳刺固定上方約3mm寬幅（完成第1段）。

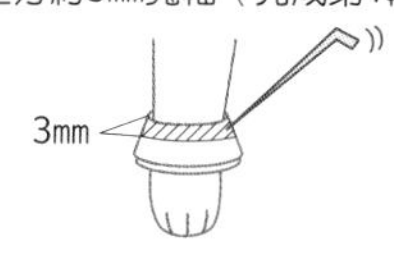

(4)在第1段的上緣往上約8mm的位置包覆第2段植毛，以(2)(3)相同的作法完成。

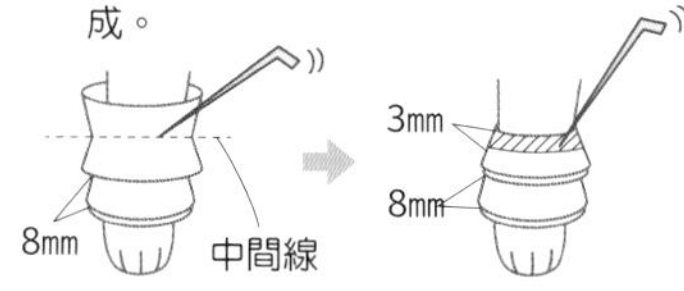

(5)由下往上重複相同技法，完成腳踝至身體、頭部的植毛作業（臉部周圍不植毛）。

(6)修剪頭頂的毛至耳朵可露出5mm左右的長度。

<原寸圖・正面>

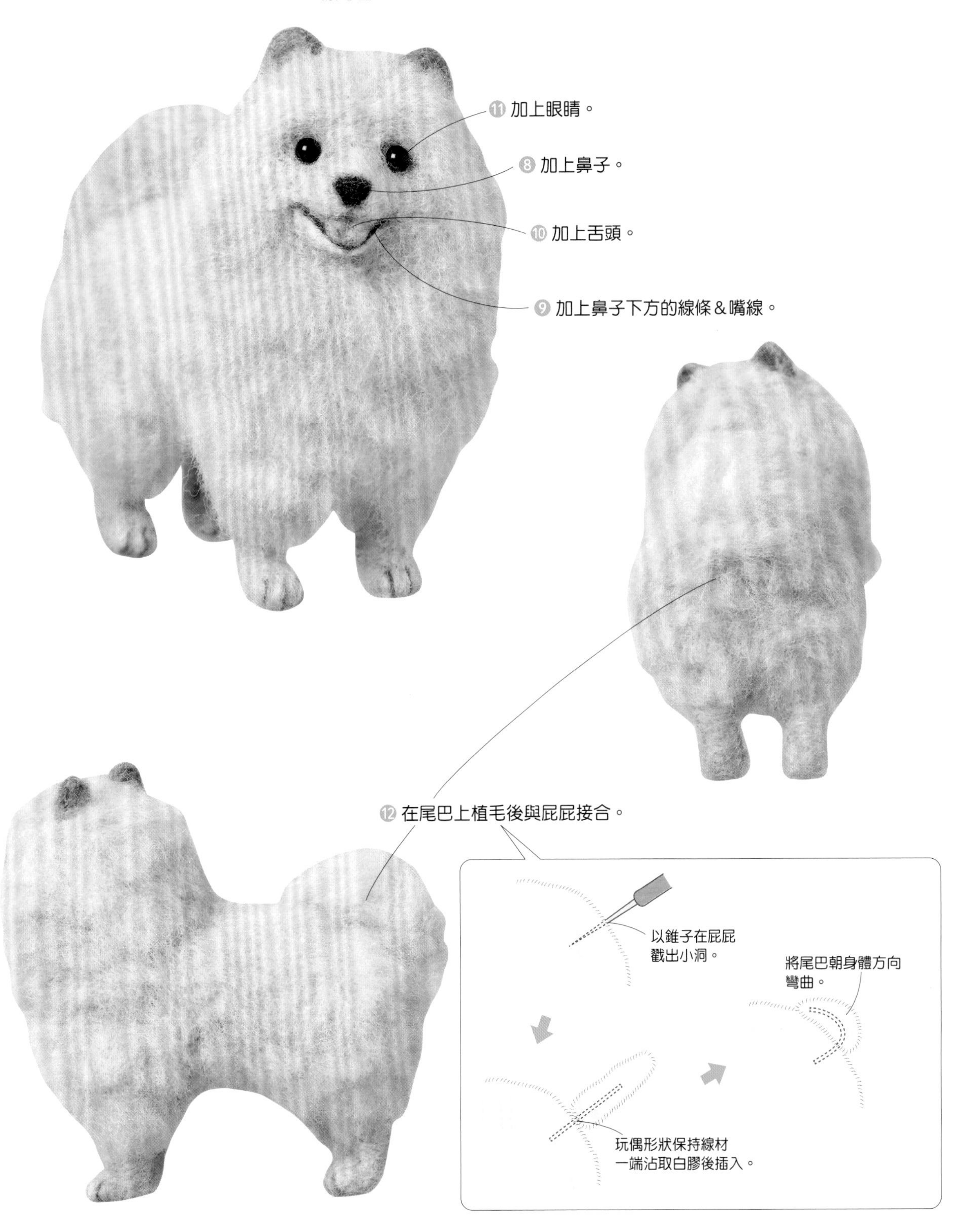
⑪ 加上眼睛。
⑧ 加上鼻子。
⑩ 加上舌頭。
⑨ 加上鼻子下方的線條＆嘴線。
⑫ 在尾巴上植毛後與屁屁接合。
以錐子在屁屁
戳出小洞。
將尾巴朝身體方向
彎曲。
玩偶形狀保持線材
一端沾取白膠後插入。

法國鬥牛犬 … P.17

材料

HAMANAKA羊毛條
　Natural Blend：淺米色（802）16g
　　　　　　　　淺茶色（803）少量
　Mix：象牙黑（209）少量
　Solid：粉紅色（36）少量
HAMANAKA玩偶形狀保持線材〈L〉：20cm　2根
HAMANAKA單色圓眼：5mm　2個

作品尺寸　高8.5cm

★請先閱讀P.34至P.41（柴犬的作法），
　掌握基本要領後再開始製作。

作法

❶ 參照原寸組件圖稿製作身體以外的組件。

❷ 製作身體（參照P.74）。

參照P.65，使用玩偶形狀保持線材作出基本造型，並在外圍捲覆淺米色羊毛戳刺固定＆調整至與原寸圖相等的大小。

❸ 接合身體＆頭部。

頭部對準身體上方的接合處，以戳針戳刺一圈固定。再分次追加淺米色羊毛，垂直放在頭與身體的接合處以戳針戳刺固定，並重複戳刺脖子周圍加強固定。

❹ 接合頭部＆嘴部。

將嘴部對準頭部的接合處以戳針戳刺固定，並在接合處追加少量淺米色羊毛後，戳刺加強固定。

❺ 接合耳朵。

以手捏出耳朵的形狀，將軟毛向頭部後側攤開成弧線狀，對準頭部的接合處後以戳針戳刺固定。再於接合處追加少量淺米色羊毛後戳刺加強固定，並在耳朵內側加上粉紅色。

❻ 加上鼻子。

取少量象牙黑羊毛，放在工作墊上輕戳成鼻子的形狀後，放在嘴部鼻頭處，以戳針戳刺固定。

❼ 加上鼻子下方的線條＆嘴線。

取少量象牙黑羊毛，以手指捻成粗細適當的細線，戳刺固定在鼻子下方。

❽ 加上眼睛。

找到眼睛的位置，以錐子戳出小洞，將單色圓眼沾取白膠後插入。

❾ 在眼睛下方＆脖子後方加上皺褶。

取少量、細長的淺米色羊毛，放在工作墊上輕戳成皺褶狀後，戳刺固定在眼睛下方＆脖子後方。

❿ 在眼皮＆嘴部加上淺茶色。

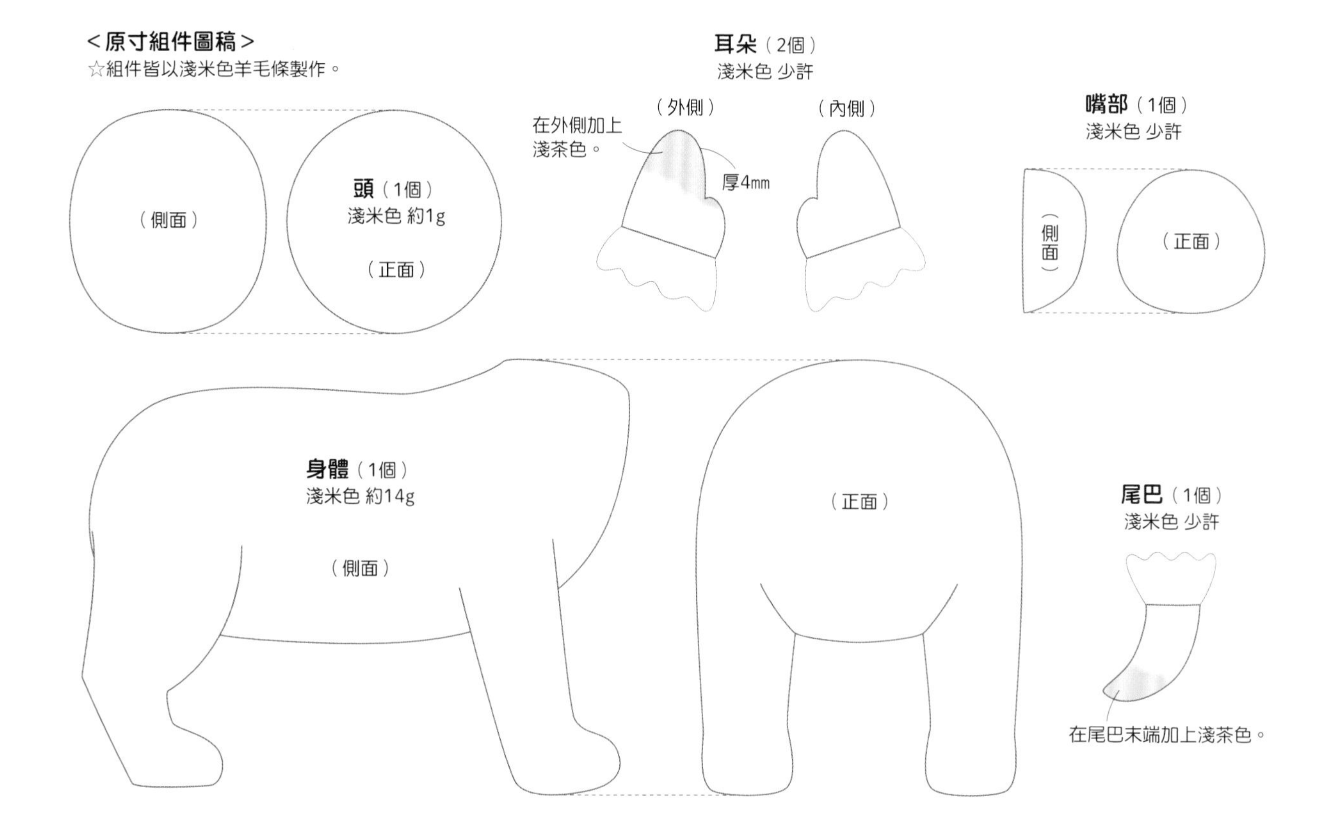

⑪ 加上尾巴。

整理尾巴的軟毛，對準與屁屁的接合處以戳針戳刺固定，再於尾巴根部追加少量的淺米色羊毛，戳刺加強固定。

⑫ 在腳尖處加上爪線。

取極少量象牙黑羊毛，以手指捻成細線後戳刺固定成爪線。

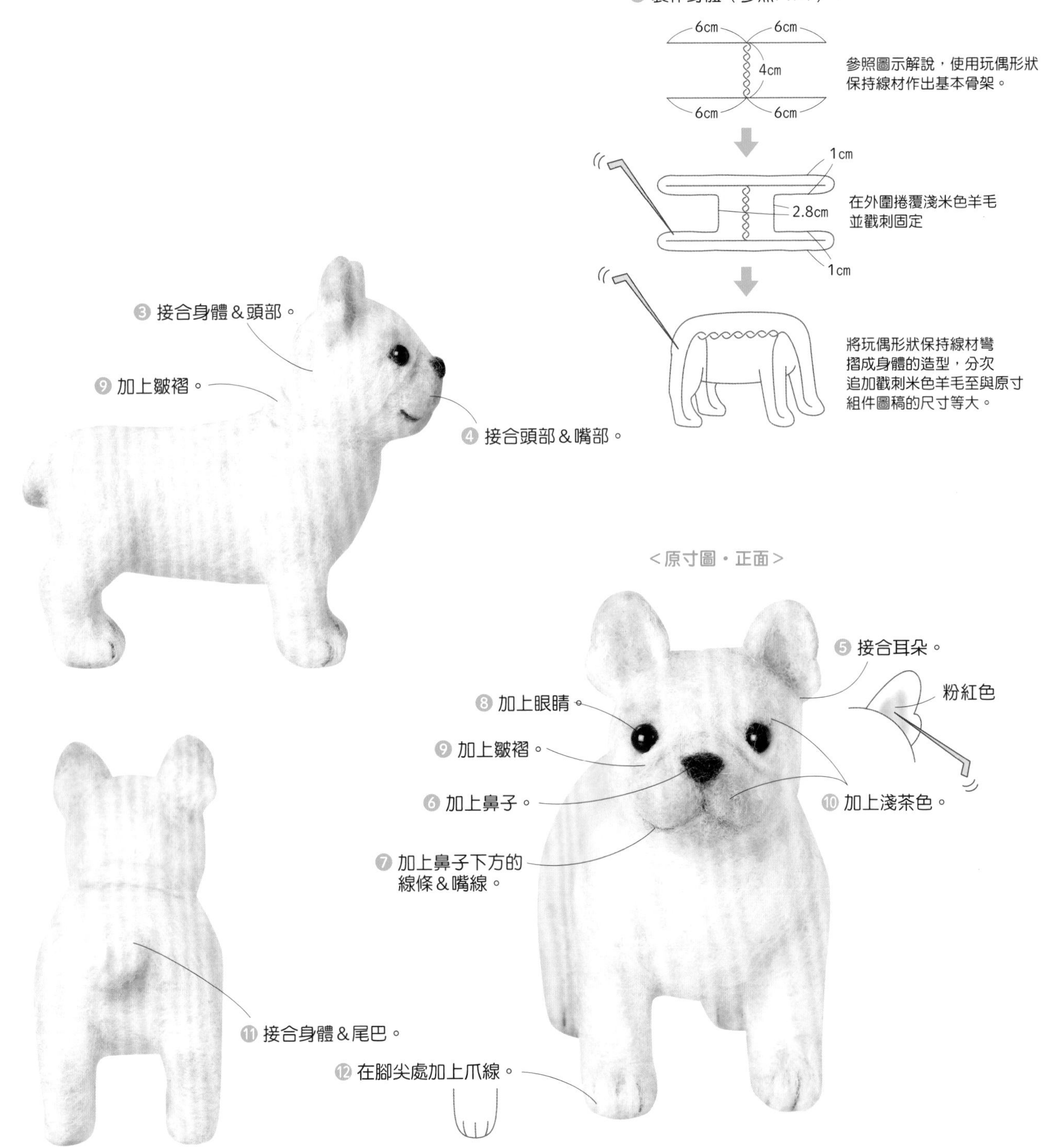

蘇格蘭摺耳貓 ⋯P.20

材料

HAMANAKA填充羊毛：象牙白（310）10g
HAMANAKA羊毛條
　Solid：白色（1）4g
　　　　粉紅色（36）少量
　　　　焦茶色（41）少量
　Natural Blend：淺咖啡（808）2g
　Mix：紅棕色（220）1g
HAMANAKA彩色圓眼：透明棕6㎜　2個
釣魚線（2號）：30㎝

作品尺寸　高8㎝

★請先閱讀P.34至P.41（柴犬的作法），掌握基本要領後再開始製作。臉部及鬍鬚的製作方法參照P.68、P.69。

作法

❶ 參照原寸組件圖稿，以指定的羊毛製作各組件。

❷ 接合身體＆前腳。

整理前腳上方的軟毛，對準與身體的接合處以戳針戳刺固定。再於接合處追加少量白色羊毛，調整造型並戳刺固定。

❸ 作出胖胖的大腿。

撕取少量白色羊毛，整理成適當的形狀＆放在大腿的位置後，以戳針戳刺固定。再重疊追加羊毛＆調整造型，作出胖胖的大腿。

❹ 接合身體＆後腳。

攤開後腳的軟毛，對準與身體底部的接合處以戳針戳刺固定。

❺ 接合身體＆頭部。

頭部對準身體上方的接合處，以戳針戳刺一圈固定。再分次追加白色羊毛，垂直放在頭與身體的接合處後，以戳針戳刺固定，並重複戳刺脖子周圍加強固定。

❻ 接合頭部＆嘴部。

將白色羊毛團放在嘴部位置，以戳針戳刺固定並修整塑形。

<原寸組件圖稿>

☆除了頭＆身體使用填充羊毛製作之外，其餘皆以羊毛條製作。

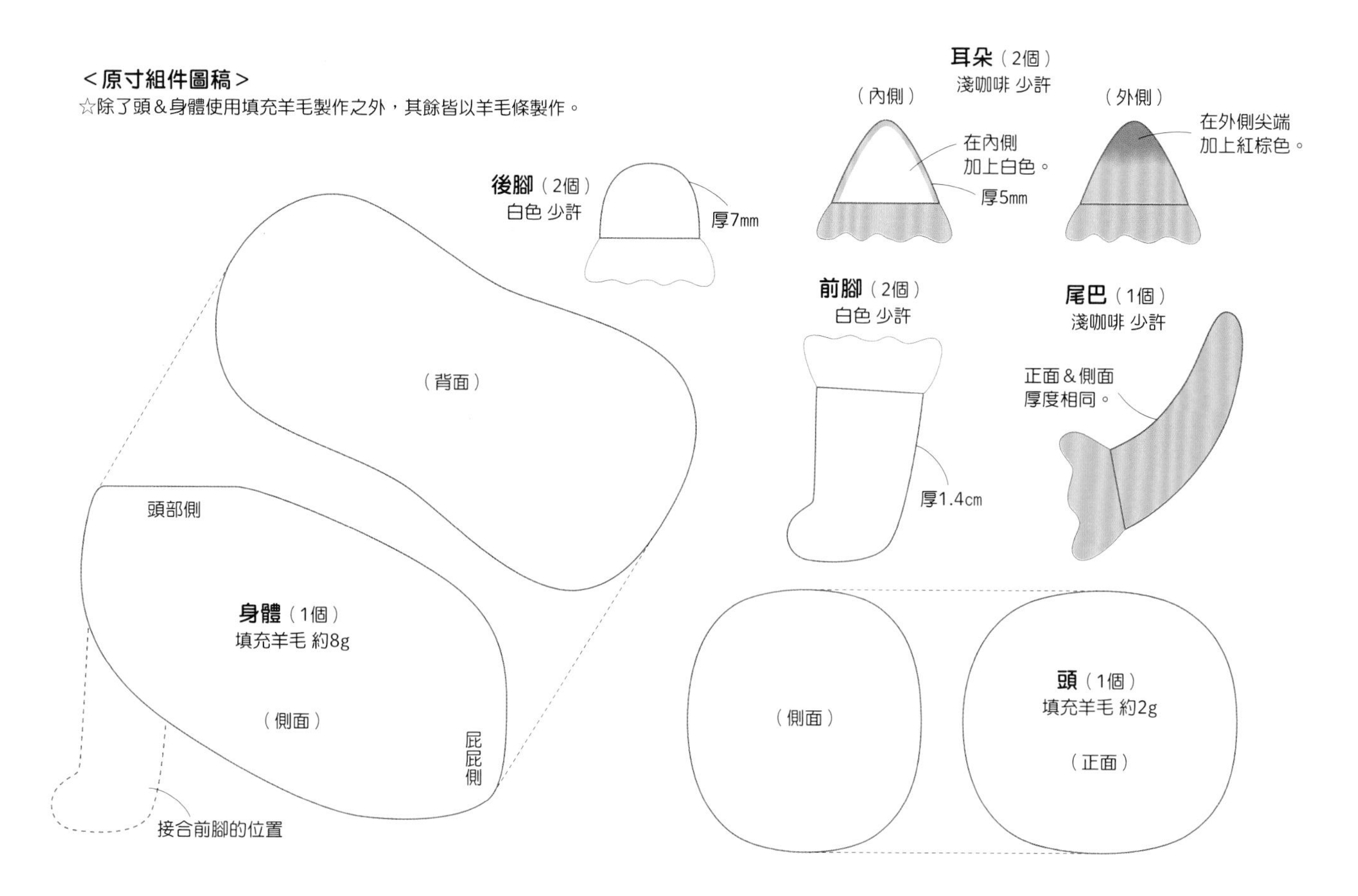

⑦ 接合耳朵。

使耳朵如蓋住頭部般的下垂，整理耳朵的軟毛＆對準頭部的接合處後以戳針戳刺固定，再於接合處追加少量淺咖啡色羊毛，戳刺加強固定。

⑧ 在臉頰、胸口和腹部加上白色。

⑨ 在頭部＆身體加上淺咖啡色。

⑩ 加上鼻子＆嘴巴。

取少量焦茶色羊毛，以手指捻成粗細適當的細線，戳刺出鼻子＆嘴線，再於鼻頭和嘴巴加上淡淡的粉紅色。

⑪ 加上眼睛。

找到眼睛的位置，以錐子戳出小洞，將彩色圓眼沾取白膠後插入。並在眼頭＆眼尾追加少許的焦茶色。

⑫ 戳刺出背部、眼尾和眉心的紅棕色斑紋。

⑬ 加上尾巴。

整理＆攤開尾巴的軟毛，對準與屁屁的接合處以戳針戳刺固定。再於尾巴根部分次追加少量的淺咖啡色羊毛加強固定，並戳刺出紅棕色的斑紋。

⑭ 在腳尖處加上爪線。

取極少量焦茶色羊毛，以手指捻成細線後戳刺固定成爪線。

⑮ 將左右各加上三根鬍鬚。

蘇格蘭摺耳貓の臉部作法

貓咪的嘴部凹凸輪廓並不明顯，因此和狗狗先作好基本形體再組合的方式不同，是將羊毛搓成圓形後直接戳刺調整形狀來完成的。只須以針戳刺鼻頭處，就能完成細緻的凹凸輪廓。

作出嘴部

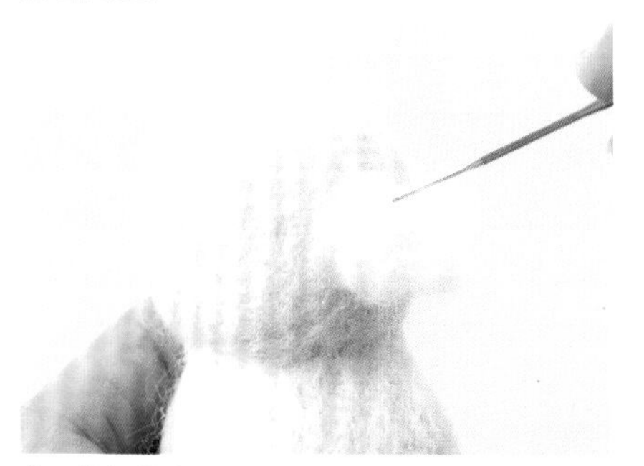

1 將輕搓成圓形的羊毛團放在嘴部位置，以戳針戳刺固定並調整形狀。

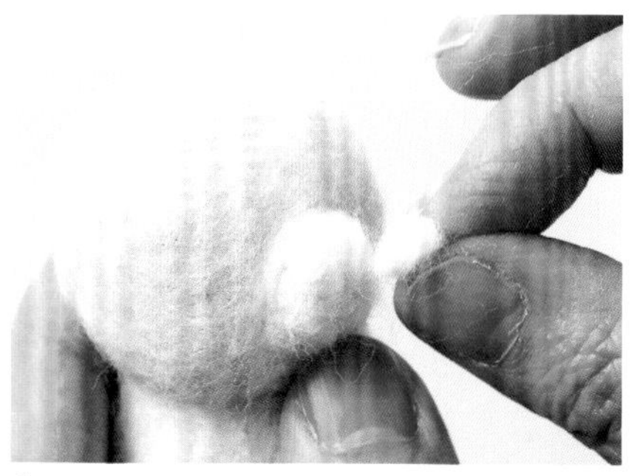

2 在鼻子兩側加上更小的羊毛團，作出蓬起的感覺。

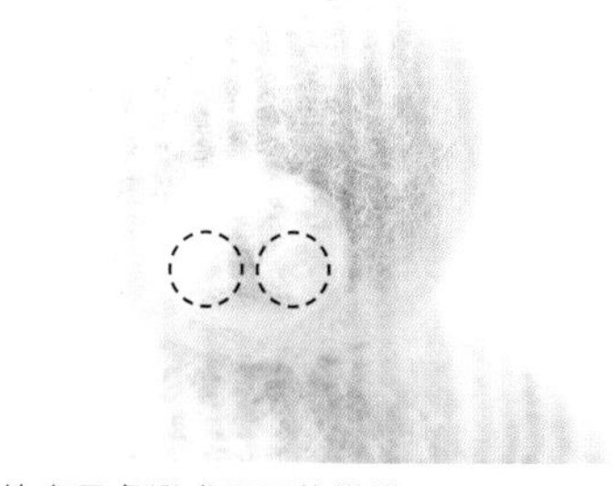

3 使鼻子處變成凹下的模樣。

接合耳朵

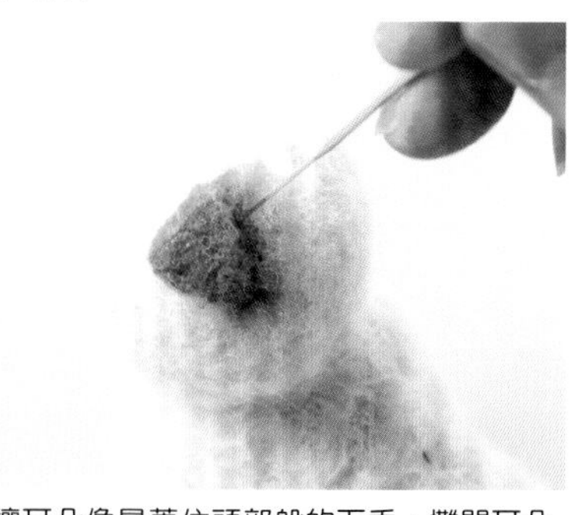

4 讓耳朵像是蓋住頭部般的下垂，攤開耳朵的軟毛後以戳針戳刺固定，接著在接合處追加少量淺咖啡色羊毛，戳刺加強固定。

加上白色

5 在臉頰、胸口和腹部加上白色後戳刺固定。

加上淺咖啡色

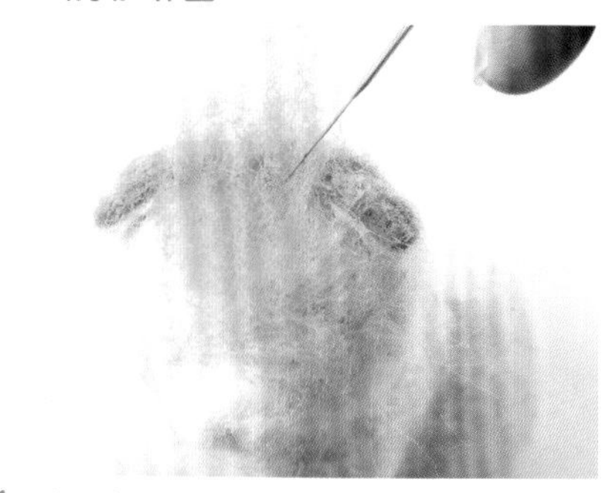

6 在頭部加上淺咖啡色後戳刺固定。

基本配色戳刺完成。

加上鼻子＆嘴巴

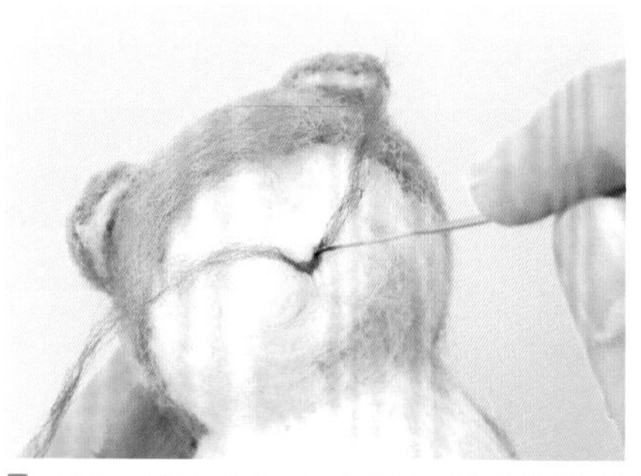

7 取少量焦茶色羊毛，以手指捻成粗細適當的細線，戳刺出鼻子。

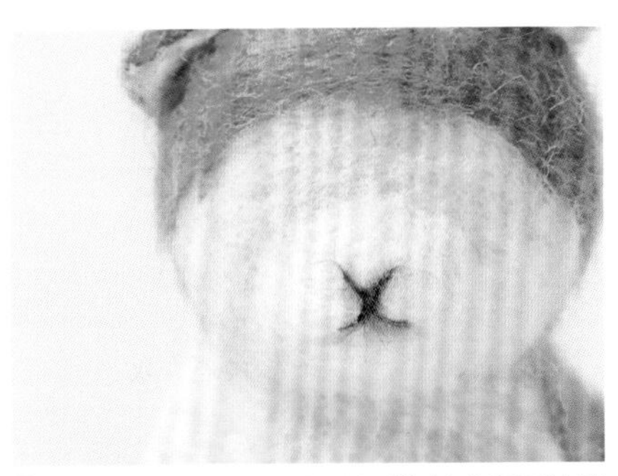

8 取少量焦茶色羊毛，以手指捻成粗細適當的細線，戳刺出嘴線。

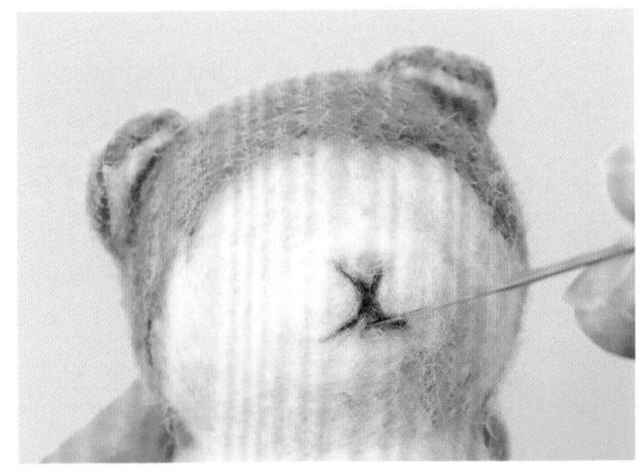

9 在鼻頭和嘴巴加上淡淡的粉紅色。此時原本凹陷的鼻子也變得立體了起來。

加上眼睛

10 找到眼睛的位置，以錐子戳出小洞。

11 將彩色圓眼沾取白膠後插入小洞中。

12 在眼頭＆眼尾追加少許的焦茶色。

加上斑紋細節

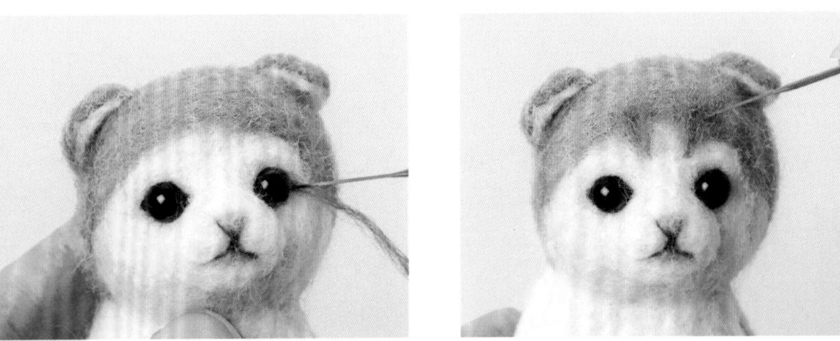

13 在眉間處＆眼尾加上紅棕色的斑紋。

鬍鬚の作法

使釣魚線不易鬆脫的製作方法。
步驟圖解為了清楚呈現步驟而使用黑色釣魚線，實際製作時請使用透明釣魚線。

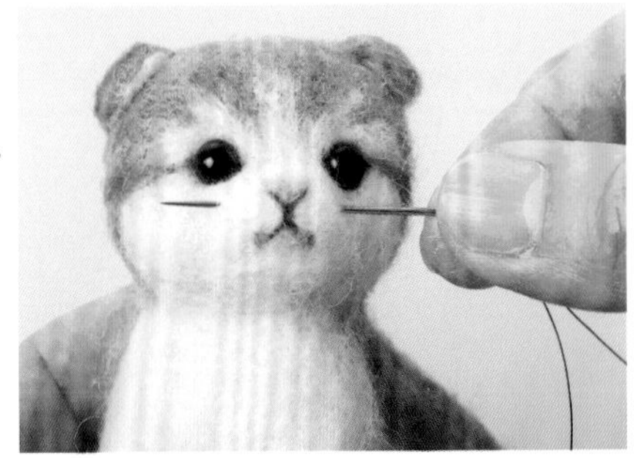

1 釣魚線穿針。將針從鼻子的右側邊穿入、左側穿出，並留下右側所須的長度。

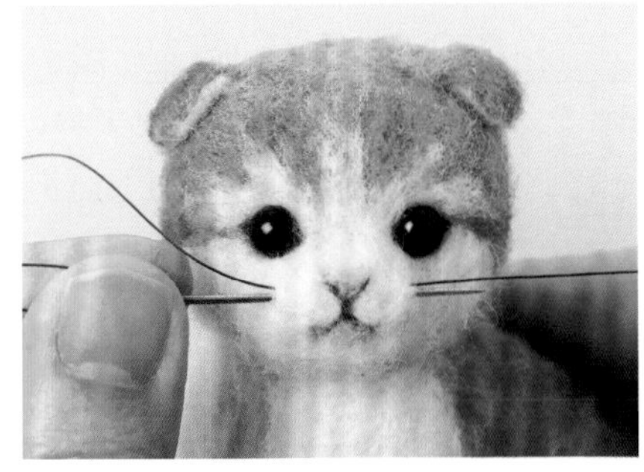

2 針從左側穿出後，由穿出處下方再次穿入，穿至另一側由尼龍線正下方穿出，並用力拉緊釣魚線直到另一側看不到線為止。

3 由穿出處下方再次穿入，並由1穿出處的周圍穿出。

4 兩側皆加上鬍鬚的模樣。

5 掌握1至4的技巧，加上所需的鬍鬚數量後修剪整齊（蘇格蘭摺耳貓為3根1cm長的鬍鬚）。

美國短毛貓 ··· P.21

材料

HAMANAKA填充羊毛：象牙白（310）9g
HAMANAKA羊毛條
Solid：灰色（54）4g
白色（1）1g
深灰色（55）1g
粉紅色（36）少量
HAMANAKA彩色圓眼：透明藍6mm　2個
釣魚線（2號）：30cm

作品尺寸　高9cm

★請先閱讀P.34至P.41（柴犬的作法），掌握基本要領後再開始製作。

作法

❶ 參照原寸組件圖稿，以指定的羊毛製作各組件。

❷ 接合身體＆前腳。
整理前腳上方的軟毛，對準與身體的接合處以戳針戳刺固定。再於接合處追加少量灰色羊毛，調整造型並戳刺固定。

❸ 作出胖胖的大腿。
撕取少量灰色羊毛，整理成適當的形狀放在大腿的位置，並以戳針戳刺固定。再重疊追加羊毛＆調整造型，作出胖胖的大腿。

❹ 接合身體＆後腳。
整理後腳的軟毛，對準與身體接合的底部後，以戳針戳刺固定。

❺ 接合身體＆頭部。
頭部對準身體上方的接合處，以戳針戳刺一圈固定。再分次追加白色羊毛，垂直放在頭＆身體的接合處以戳針戳刺固定，並重複戳刺脖子周圍加強固定。

❻ 作出嘴部（參照P.68）。
將白色羊毛團放在嘴部位置，以戳針戳刺固定並調整形狀。

❼ 接合耳朵。
以手捏出耳朵的形狀並將軟毛向頭部後側攤開，對準頭部的接合處後以戳針戳刺固定，再於接合處追加少量灰色羊毛戳刺加強固定，並在內側刺上粉紅色。

<原寸組件圖稿>
☆除了頭＆身體使用填充羊毛製作之外，其餘皆以羊毛條製作。

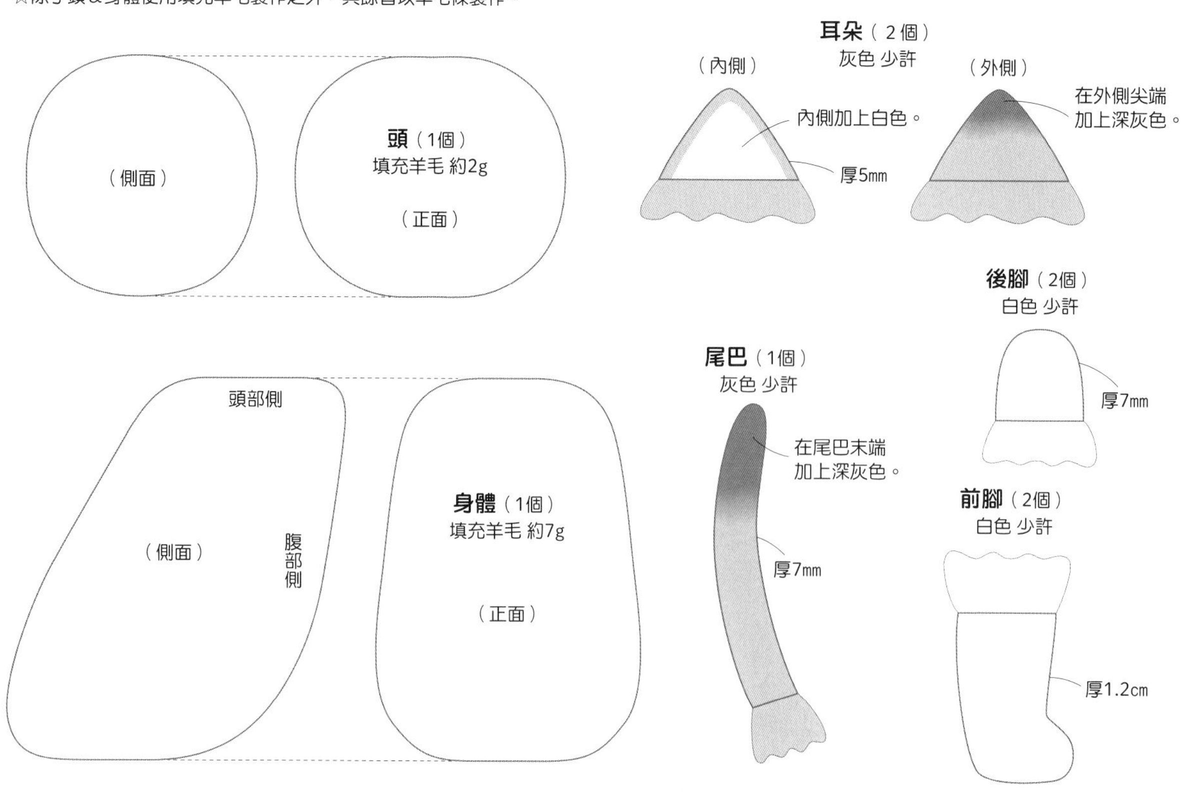

⑧ 在身體加上白色後戳刺固定。
在腹部&胸部加上白色後戳刺固定。
⑨ 在頭部&身體加上灰色後戳刺固定。
在嘴巴、腹部、胸部、底部和腳之外，看得見填充羊毛的部分加上灰色後戳刺固定。
⑩ 加上鼻子。
取少量深灰色羊毛，放在工作墊上輕戳成鼻子的形狀後，放在嘴部鼻頭處，以針戳刺固定。
⑪ 加上嘴巴。
取少量深灰色羊毛，以手指捻成粗細適當的細線，在鼻子下方戳刺出嘴線，再加上少量的粉紅色後戳刺固定。
⑫ 加上眼睛。
找到眼睛的位置，以錐子戳出小洞，再將彩色圓眼沾取白膠後插入。並在眼睛周圍追加少許的白色，眼頭&眼尾則追加深灰色。
⑬ 加上尾巴。
整理&攤開尾巴的軟毛，對準與屁屁的接合處以戳針戳刺固定，並在尾巴根部分次追加少量的灰色羊毛以加強固定。
⑭ 在頭部、身體和尾巴戳刺出深灰色的斑紋。
⑮ 在腳尖處加上爪線。
取極少量深灰色羊毛，以手指捻成細線後戳刺固定成爪線。
⑯ 加上左右各三根的鬍鬚（參照P.69）。

<作法順序圖>

① 參照原寸組件圖稿製作各組件。

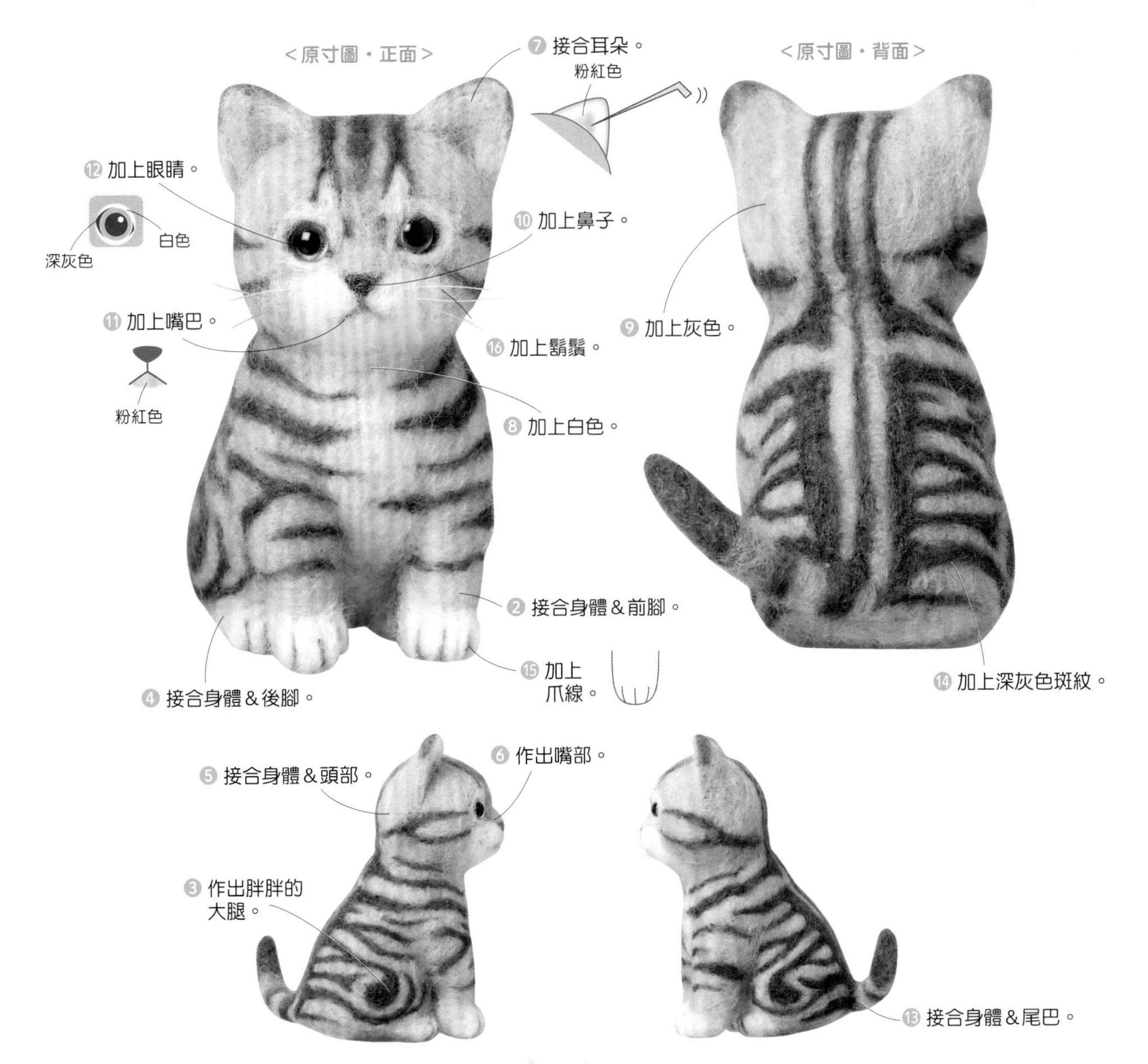

俄羅斯藍貓 … P.18至P.19

材料

HAMANAKA羊毛條
　Solid：灰色（54）12g
　　　　深灰色（55）少量
　　　　粉紅色（36）少量
HAMANAKA玩偶形狀保持線材〈L〉：
　20cm　2根、5.5cm　1根
HAMANAKA彩色圓眼：透明綠 4.5mm　2個
釣魚線（2號）：15cm

作品尺寸　高9.5cm

★請先閱讀P.34至P.41（柴犬的作法），
　掌握基本要領後再開始製作。

作法

❶ 參照原寸組件圖稿製作身體以外的各組件。

❷ 以玩偶形狀保持線材製作身體（參照P.74）。

❸ 接合身體＆頭部。

頭部對準身體上方的接合處，以戳針戳刺一圈固定。再分次追加灰色羊毛，垂直放在頭＆身體的接合處後以戳針戳刺固定，並重複戳刺脖子周圍加強固定。

❹ 作出嘴部（參照P.68）。

將灰色羊毛團放在嘴部位置，以戳針戳刺固定並調整形狀。

❺ 接合耳朵（參照P.39）。

以手捏出耳朵的形狀並將軟毛向頭部後側攤開，對準頭部的接合處以戳針戳刺固定，再於接合處追加少量灰色羊毛戳刺加強固定。

❻ 加上鼻子。

取少量深灰色羊毛，放在工作墊上輕戳成鼻子的形狀後，放在嘴部鼻頭處，以針戳刺固定。

❼ 加上嘴巴。

取少量深灰色羊毛，以手指捻成粗細適當的細線，戳刺固定在鼻子下方。

❽ 加上眼睛。

找到眼睛的位置，以錐子戳出小洞，再將彩色圓眼沾取白膠後插入，並在眼頭＆眼尾追加深灰色。

❾ 在腳尖處加上爪線。

取極少量深灰色羊毛，以手指捻成細線後戳刺固定成爪線。

❿ 將尾巴的玩偶形狀保持線材插入屁屁處（參照P.73）。

⓫ 加上左右各兩根的鬍鬚（參照P.69）。

＜原寸組件圖稿＞

☆各組件皆以灰色羊毛條製作。

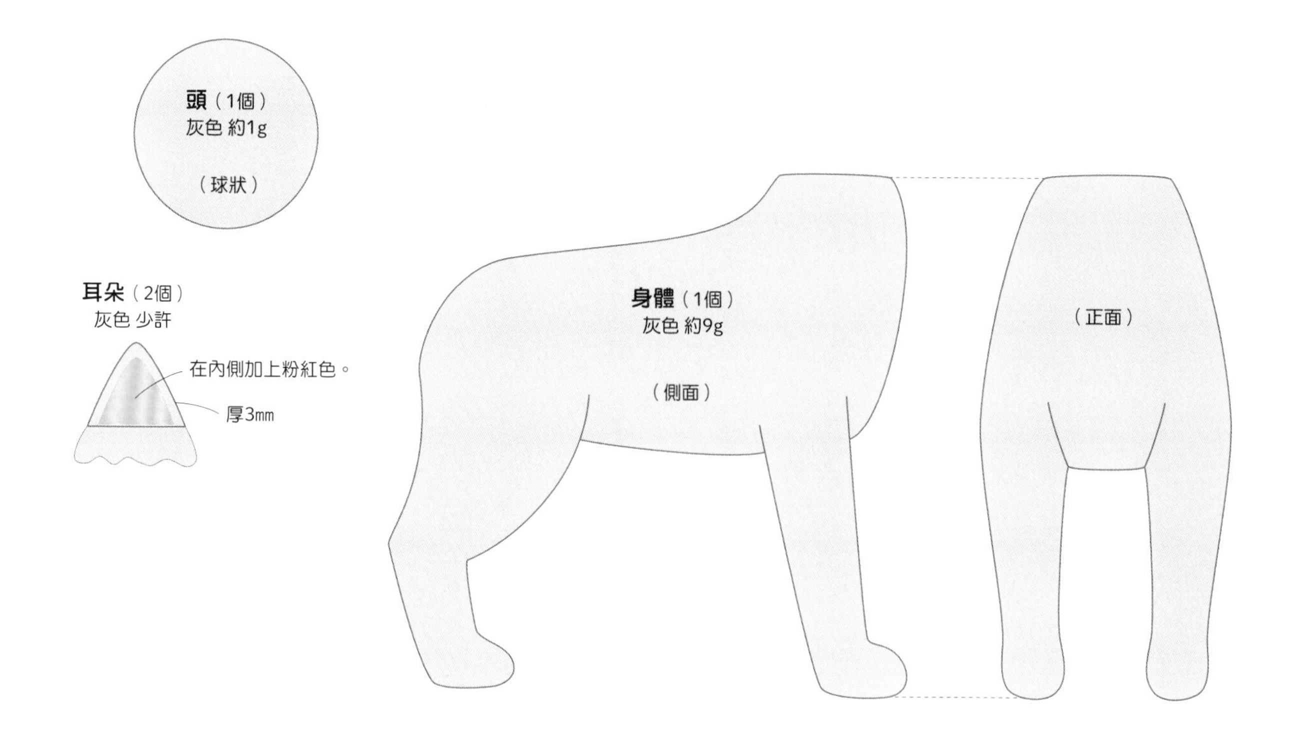

<作法順序圖>

❶ 參照原寸組件圖稿製作身體以外的各組件。

❷ 以玩偶形狀保持線材製作身體（參照P.74）。

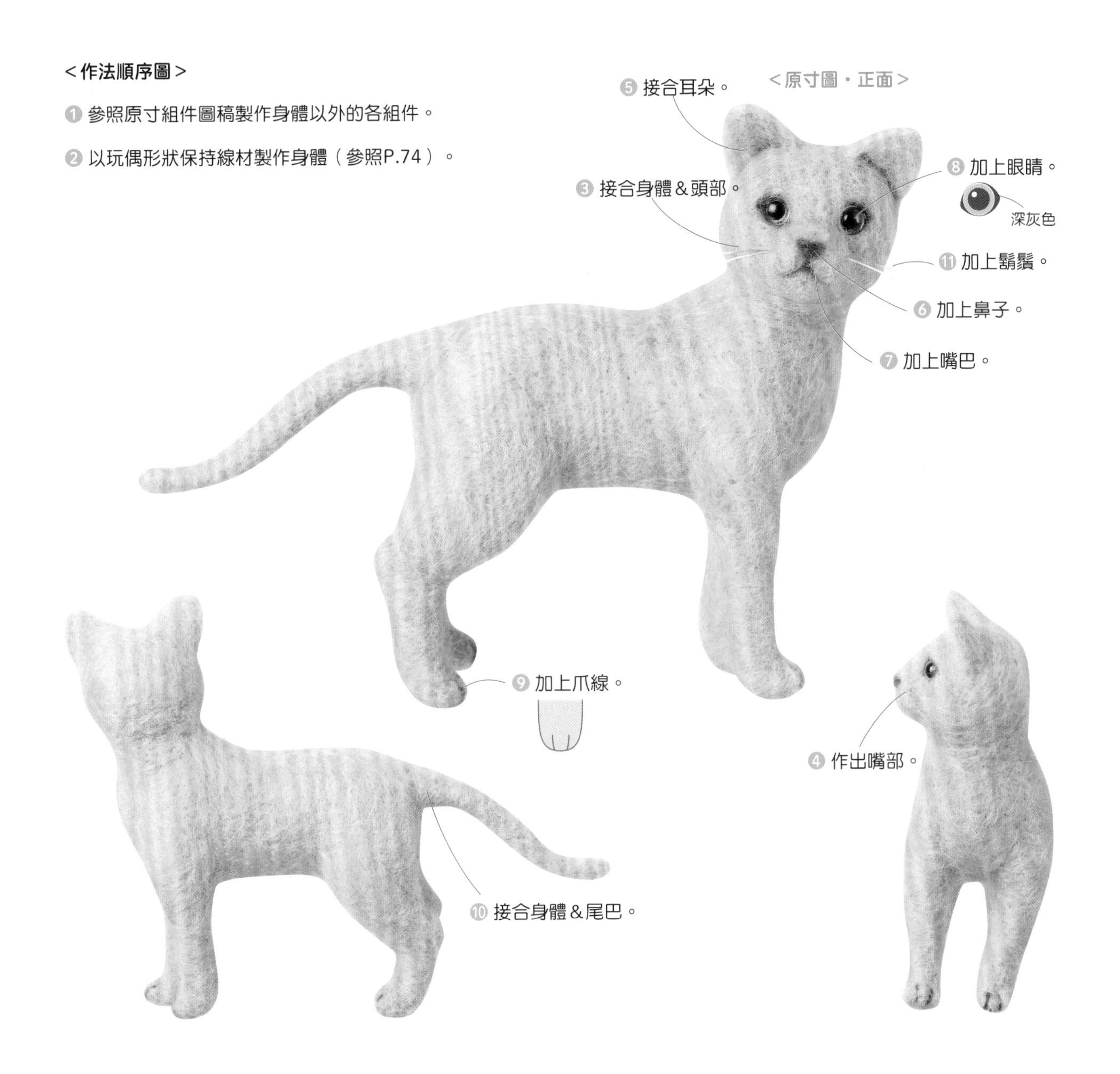

使用玩偶形狀保持線材製作身體の方法

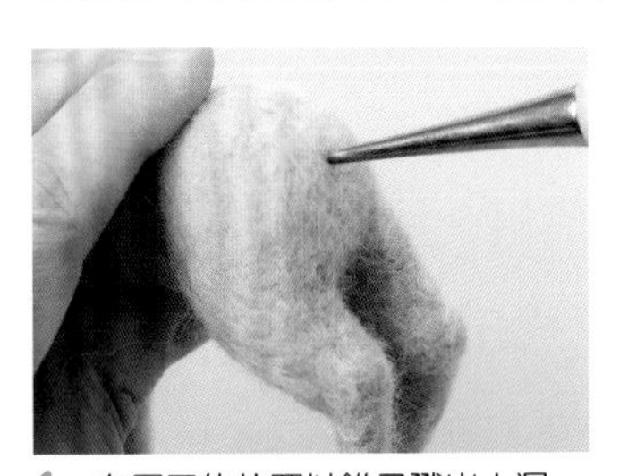

1 在尾巴的位置以錐子戳出小洞。

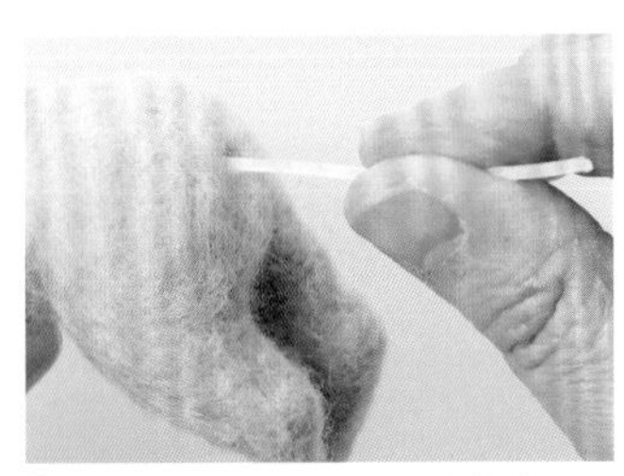

2 將玩偶形狀保持線材裁剪成尾巴的長度（俄羅斯藍貓為5.5cm），其中一端沾取白膠後插入屁屁處固定。

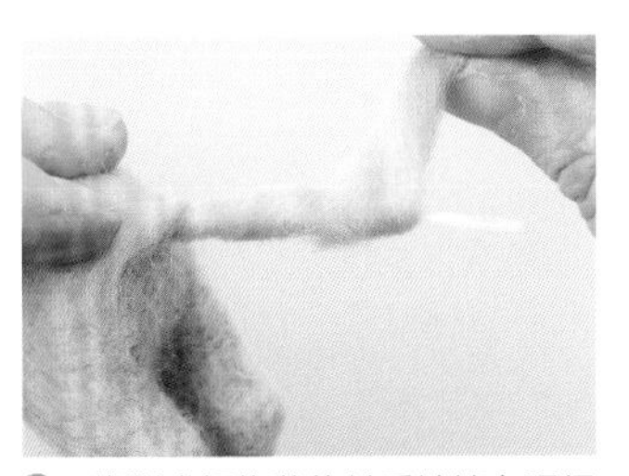

3 將撕成細條狀的羊毛纏繞在玩偶形狀保持線材上。

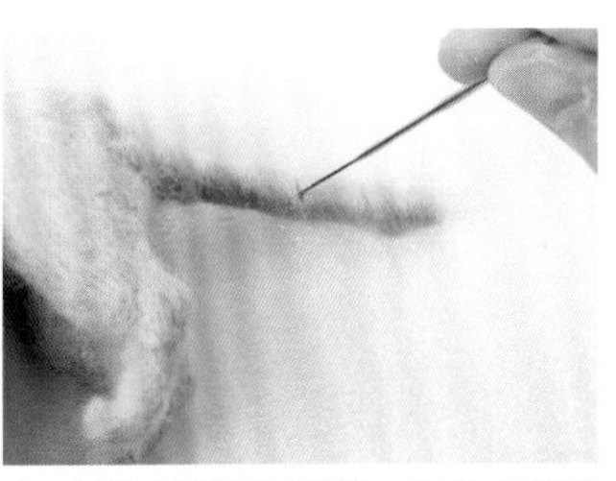

4 以戳針戳刺固定後，再分次纏繞羊毛直到適當的粗細，以戳針戳刺固定。並戳刺固定尾巴與屁屁的接合處＆修整塑形。

以玩偶形狀保持線材製作身體の方法

凡是以四隻腳站立、腿很細的動物，或要擺出特別的姿態時，都須要使用玩偶形狀保持線材來輔助製作骨架。
在此以俄羅斯藍貓示範如何使用玩偶形狀保持線材來製作身體。

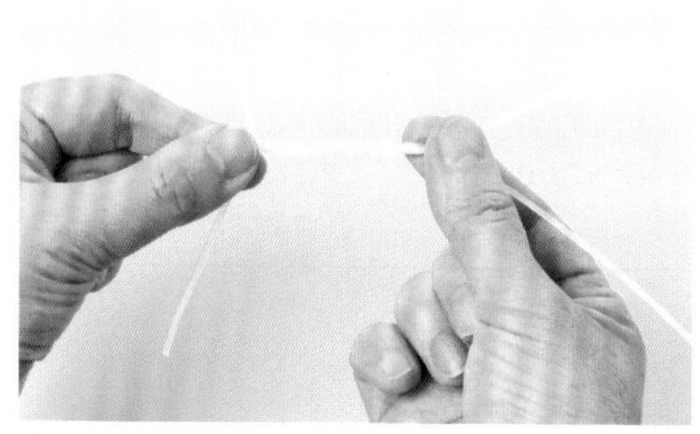

1 準備2根20cm的玩偶形狀保持線材〈L〉，取中段4.5cm作為身體，將2根玩偶形狀保持線材纏繞在一起。

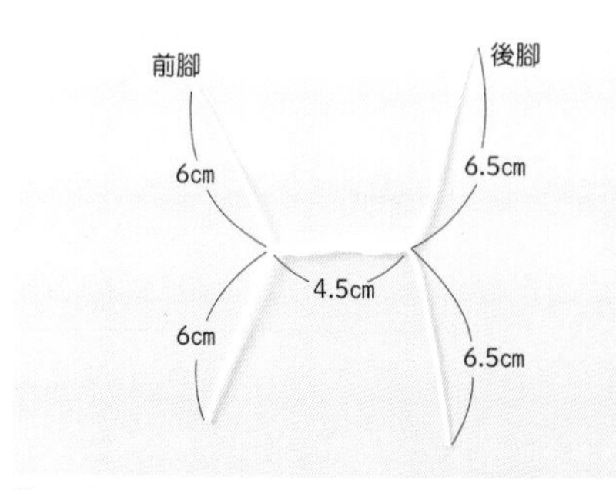

2 參照圖示彎摺成H形，裁剪作為腿部的四根線材，前腳為6cm、後腳為6.5cm。

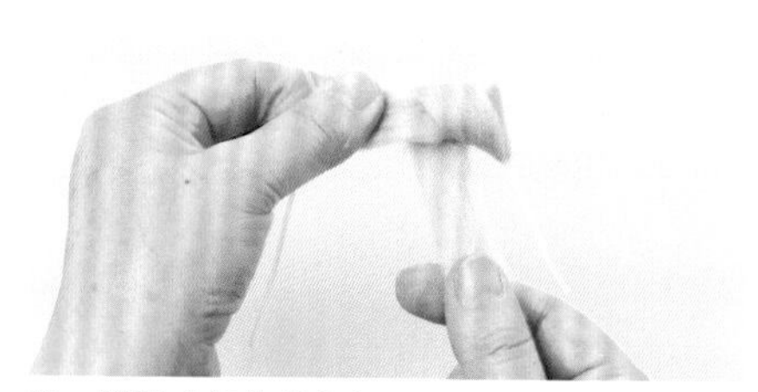

3 將撕成細條狀的灰色羊毛，從身體的一端開始纏繞在玩偶形狀保持線材上。

4 以針戳刺將整體固定。

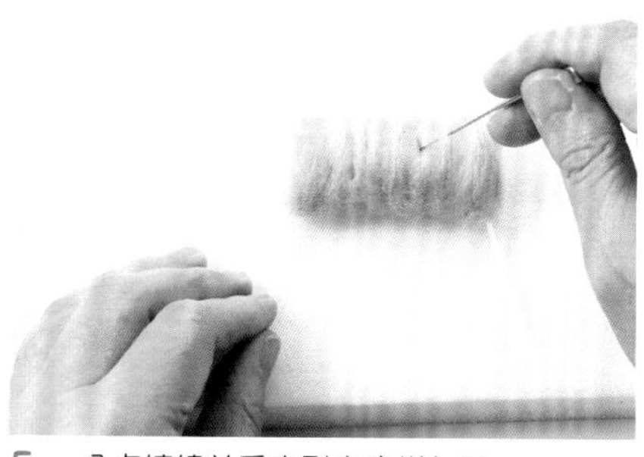

5 分次纏繞羊毛直到寬度增加至2.5cm，並以戳針戳刺固定。

6 將撕成細條狀的灰色羊毛纏繞在腿部的線材上。

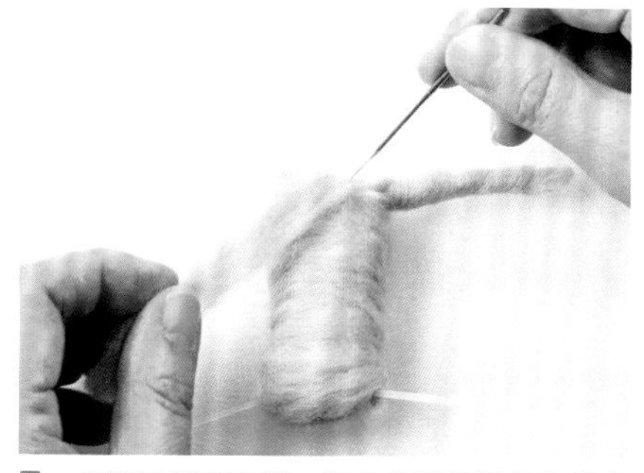

7 以戳針戳刺全體，包含身體與腿部的接合處。分次纏繞羊毛直到腿部寬度增加至7mm，並以針戳刺固定。

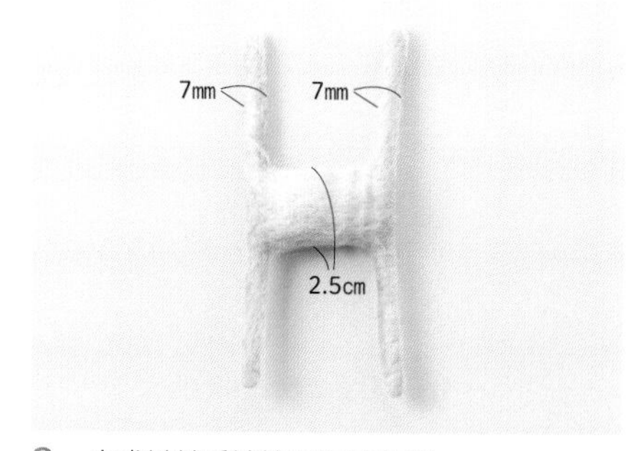

8 完成以羊毛纏繞固定的身體。

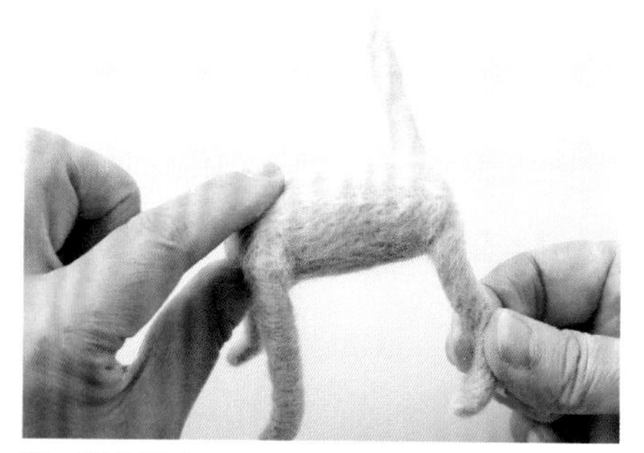

9 彎曲腳尖，調整成前腳＆後腳的造型。

完成腳部造型後的站姿。

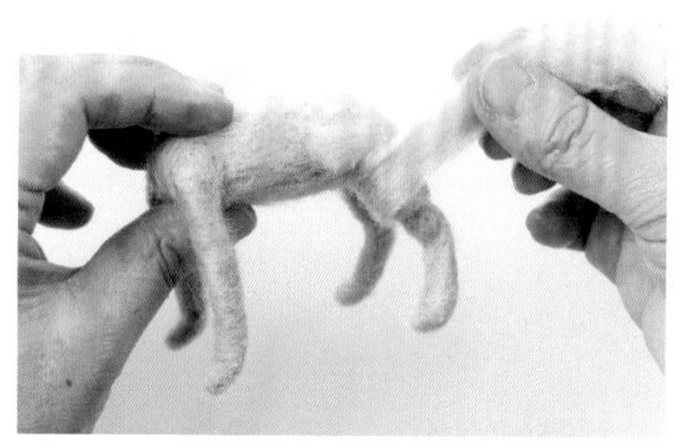

10 分次少量追加羊毛，並以戳針修整塑形。

布偶貓 … P.22

… P.22

材料

HAMANAKA填充羊毛：象牙白（310）10g
HAMANAKA羊毛條
Solid：白色（1）13g
灰色（54）1g
深灰色（55）少量
粉紅色（36）少量
HAMANAKA彩色圓眼：透明藍6㎜　2個
釣魚線（2號）：30㎝

作品尺寸　高8㎝

★請先閱讀P.34至P.41（柴犬的作法），
掌握基本要領後再開始製作。

作法

❶ 參照原寸組件圖稿製作各組件。

❷ 接合身體＆前腳。

整理前腳上方的軟毛，對準與身體底部的接合處，以戳針戳刺固定。並在接合處追加少量白色羊毛戳刺固定。

❸ 接合身體＆後腳。

先戳刺後腳下半段，再戳刺出後腳上半段。整理後腳的軟毛＆對準側邊屁屁的位置後，以針戳刺固定，並在接合處追加少量白色羊毛以加強固定。

❹ 接合身體＆頭部。

頭部對準身體上方的接合處，以戳針戳刺一圈固定。再分次追加白色羊毛，垂直放在頭與身體的接合處後，以戳針戳刺固定，並重複戳刺脖子周圍加強固定。

❺ 作出嘴部（參照P.68）。

將白色羊毛團放在嘴部位置，以戳針戳刺固定。

❻ 接合耳朵。

以手捏出耳朵的形狀並將軟毛向頭部後側攤開，對準頭部的接合處後以戳針戳刺固定，再於接合處追加少量深灰色羊毛戳刺加強固定。

❼ 在頭部加上灰色。

❽ 加上鼻子＆嘴巴。

取少量深灰色羊毛，以手指捻成粗細適當的細線，戳刺出鼻子＆嘴線。在鼻頭加上淡淡的粉紅色，並以戳針戳刺固定。

<原寸組件圖稿>

☆除了頭＆身體使用填充羊毛製作之外，其餘皆以羊毛條製作。

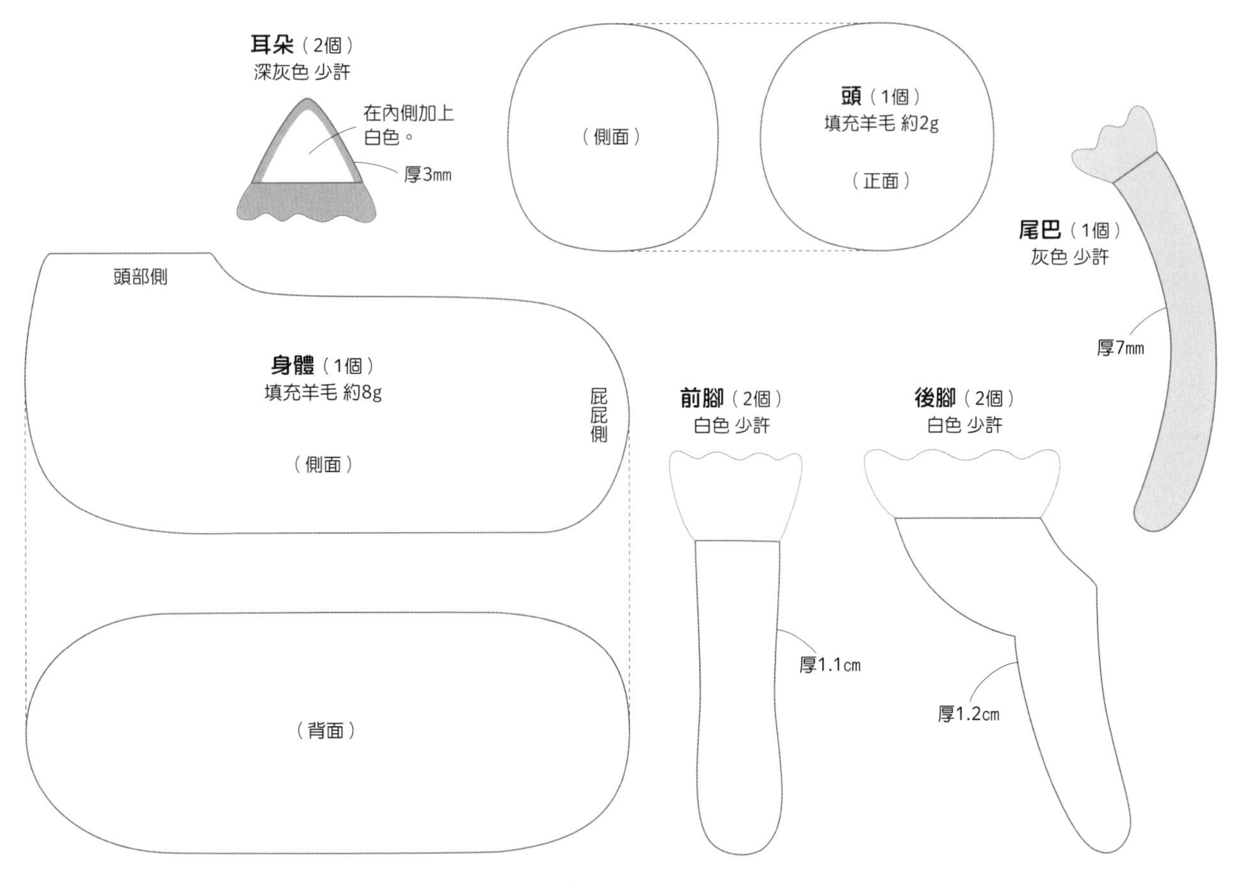

⑨ 加上眼睛。

找到眼睛的位置，以錐子戳出小洞，再將彩色圓眼沾取白膠後插入，並在眼睛周圍追加深灰色。

⑩ 加上尾巴。

攤開尾巴的軟毛，對準與屁屁的接合處，以戳針戳刺固定。並在尾巴根部追加少量的白色羊毛以加強固定。

⑪ 在腳尖處加上爪線。

取極少量的深灰色羊毛，以手指捻成細線後戳刺固定成爪線。

⑫ 加上後腳的肉球。

取少量粉紅色羊毛，放在工作墊上輕戳成肉球的形狀，再放在腳底以戳針戳刺固定。

⑬ 進行植毛作業（參照P.77）。

⑭ 加上左右各三根的鬍鬚（參照P.69）。

＜作法順序圖＞

① 參照原寸組件圖稿製作各組件。

＜原寸圖・正面＞

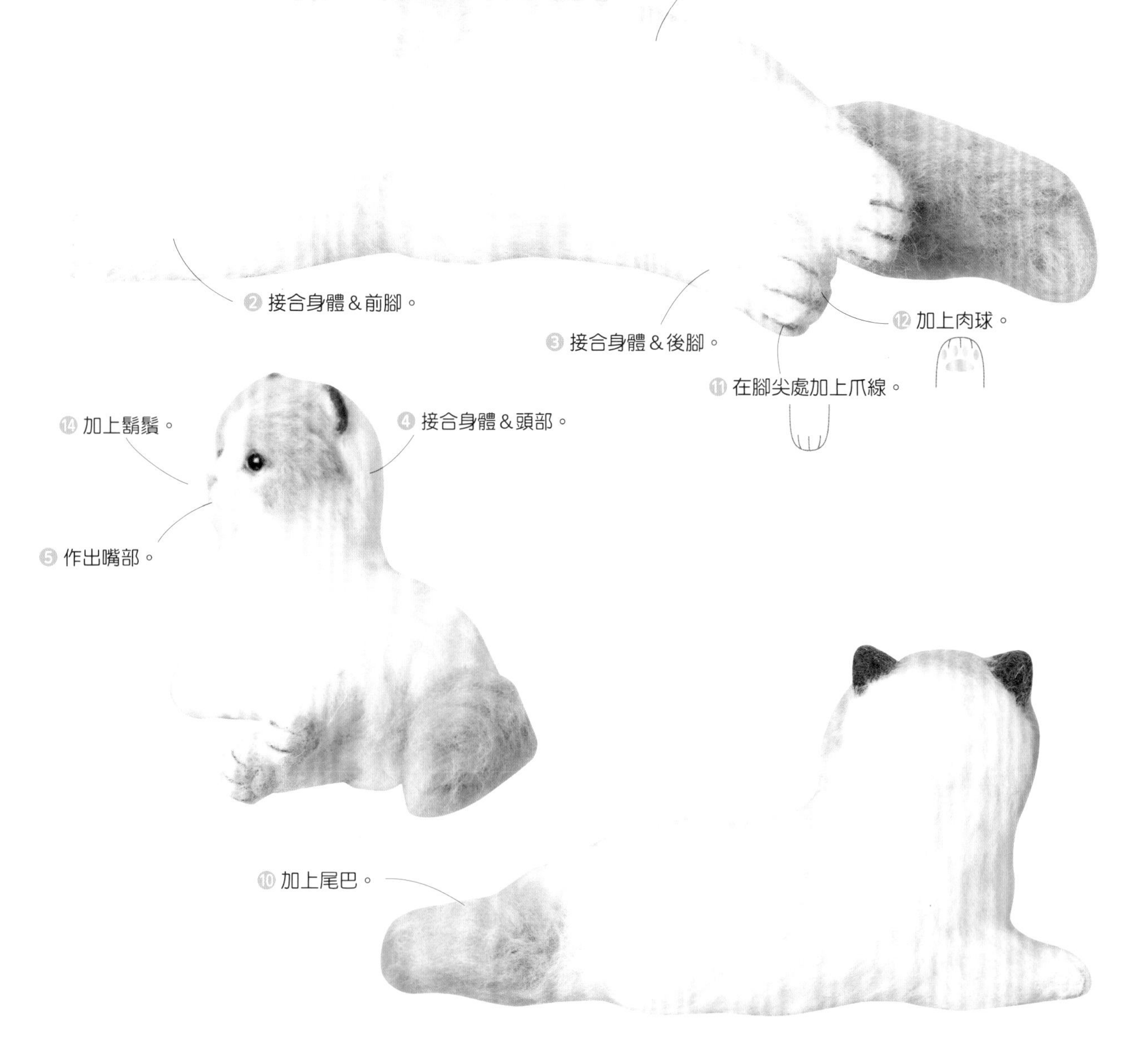

布偶貓の植毛技法

布偶貓是以2.5㎝的羊毛，搭配蓬鬆感植毛技法來進行植毛。
搭配各部位所使用的顏色，以一層一層重疊的方式進行植毛。但底部不須植毛。

植毛前的布偶貓。

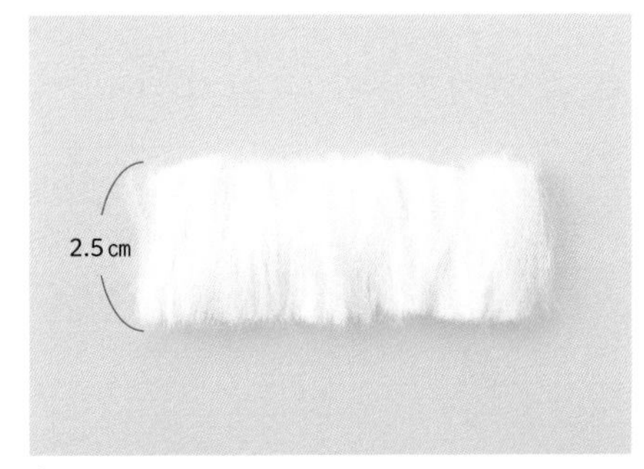

1 將羊毛裁剪成2.5㎝寬。

2 對齊植毛起始線(參照下圖)，在後腳放上白色羊毛。

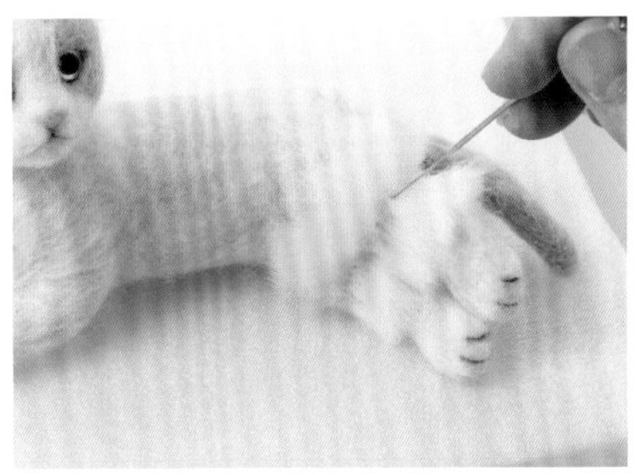

3 戳刺固定羊毛的中間線。

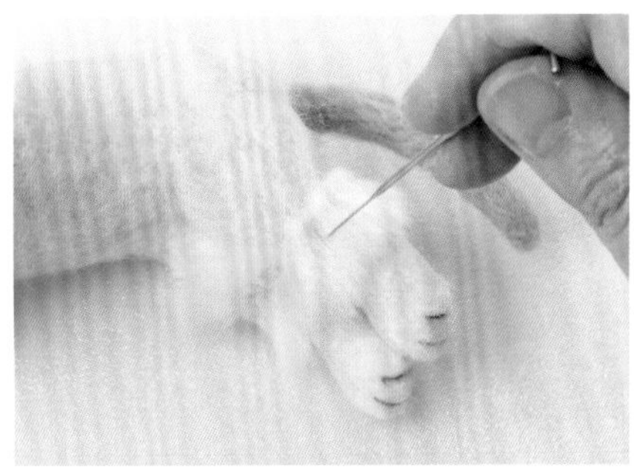

4 將上半部的羊毛往下對摺，戳刺固定上方約3㎜寬幅。

5 取另一片羊毛疊在上方，遮住已戳刺的3㎜寬幅。以相同的方式一段一段地重疊戳刺完成。

6 將白色的植毛戳刺至屁屁的位置後，以灰色羊毛在尾巴上植毛。

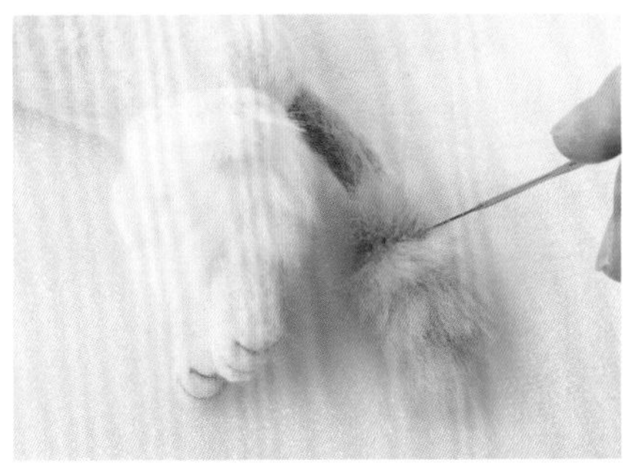

7 從尾巴末端開始，以相同的方式戳刺中間線後對摺＆再次固定，重複植毛至尾巴與身體的接合處，完成蓬鬆植毛。

8 屁屁處至腹部以相同的方式繼續以白色羊毛植毛。

9 參照植毛方向圖及圖示進行植毛。頭部及腿部植毛完成後，參照成品圖造型將羊毛修剪成適當的長度。

<植毛方向圖>

☆依照箭頭方向，
搭配指定的顏色植毛。

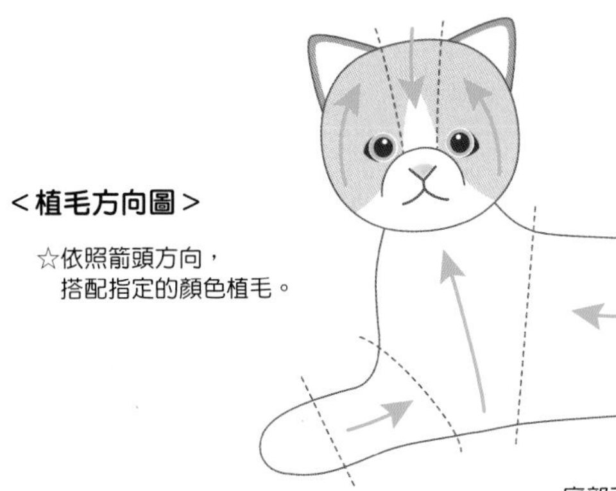

咖啡色虎斑貓 … P.23

材料

HAMANAKA填充羊毛：象牙白（310）8g
HAMANAKA羊毛條
　Mix：銘黃色（201）2g
　Natural Blend：淺咖啡（808）1g
　　　　　　　　桃色（833）1g
　Solid：白色（1）3g
　　　　粉紅色（36）少量
　　　　焦茶色（41）少量
HAMANAKA彩色圓眼：透明棕4.5㎜　2個
釣魚線（2號）：30㎝

作品尺寸　長10㎝

★請先閱讀P.34至P.41（柴犬的作法），
　掌握基本要領後再開始製作。

作法

❶ 參照原寸組件圖稿製作各組件。

❷ 接合身體＆頭部。

頭部對準身體上方的接合處，以戳針戳刺一圈固定。再分次追加填充羊毛，垂直放在頭與身體的接合處後以戳針戳刺固定，並重複戳刺脖子周圍加強固定。

❸ 接合身體＆前腳。

整理前腳上方的軟毛，對準與身體側面的接合處，擺出像是拿著球般的姿勢後，以戳針戳刺固定。

❹ 接合身體＆後腳。

攤開後腳的軟毛，先將左腳對準身體底部的接合處以戳針戳刺固定，再將右腳靠在左腳上以戳針戳刺固定。

❺ 接合耳朵（參照P.39）。

將耳朵軟毛向頭部後側攤開，對準頭部的接合處以戳針戳刺固定，再於接合處追加少量銘黃色羊毛後戳刺加強固定，並在內側戳刺上粉紅色。

❻ 作出嘴部（參照P.68）。

將白色羊毛團放在嘴部位置，以戳針戳刺固定。

❼ 在腹部加上白色。

❽ 在頭部、身體和腳部加上銘黃色。

❾ 加上鼻子＆嘴巴。

取少量焦茶色羊毛，以手指捻成粗細適當的細線，戳刺出鼻子＆嘴線。再於鼻頭加上淡淡的粉紅色，並以戳針戳刺固定。

❿ 加上眼睛。

找到眼睛的位置，以錐子戳出小洞，再將彩色圓眼沾取白膠後插入。並在眼睛周圍追加焦茶色，焦茶色的周圍再加上白色。

⓫ 加上尾巴。

攤開尾巴的軟毛，對準與屁屁的接合處以戳針戳刺固定。再於尾巴根部追加少量的銘黃色羊毛以加強固定。

<原寸組件圖稿>

☆除了頭＆身體使用填充羊毛製作之外，其餘皆以羊毛條製作。

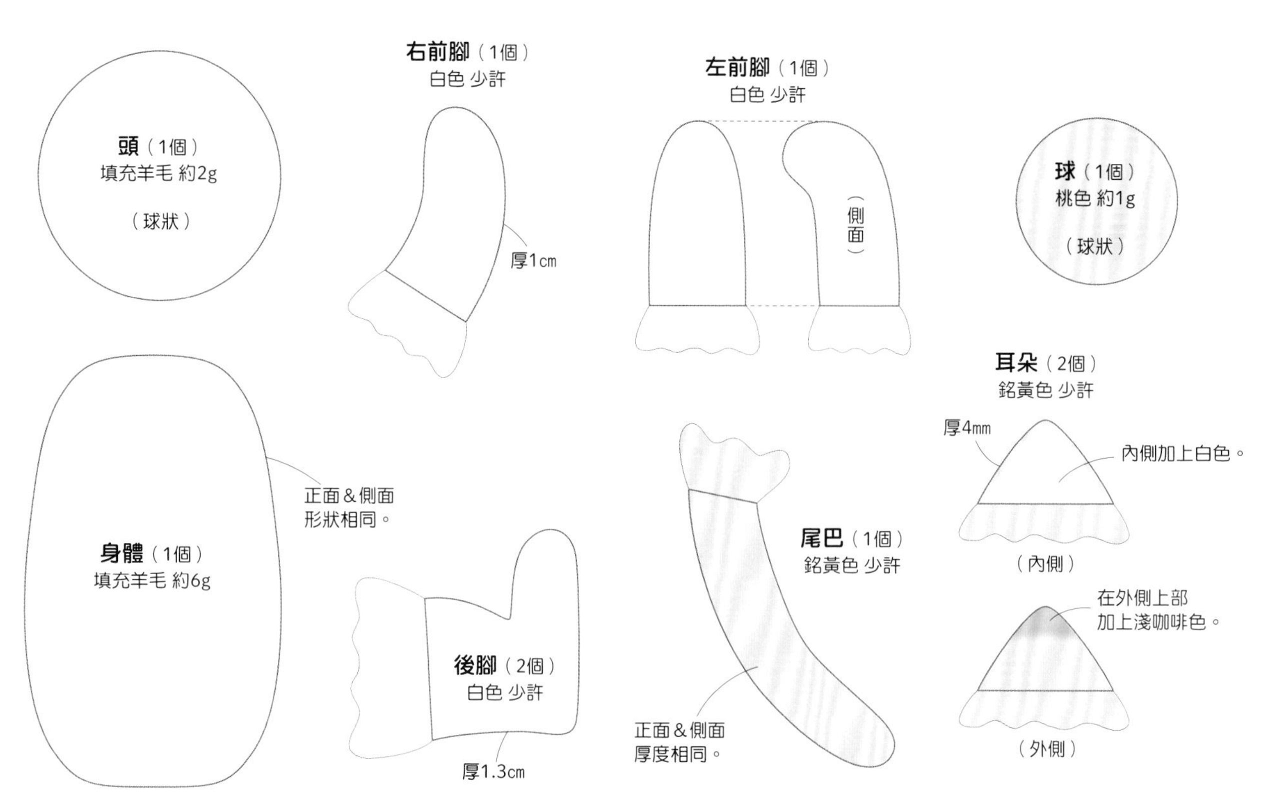

⑫ 在頭部、身體、腳部和尾巴的銘黃色區塊刺上淺咖啡色的斑紋。

⑬ 在腳尖處加上爪線。

取極少量焦茶色羊毛，以手指捻成細線後戳刺固定成爪線。

⑭ 加上後腳的肉球。

取少量粉紅色羊毛，放在工作墊上輕戳成肉球的形狀，再放在腳底以戳針戳刺固定。

⑮ 加上左右各三根的鬍鬚（參照P.69）。

⑯ 放上圓球。

<作法順序圖>

① 參照原寸組件圖稿製作各組件。

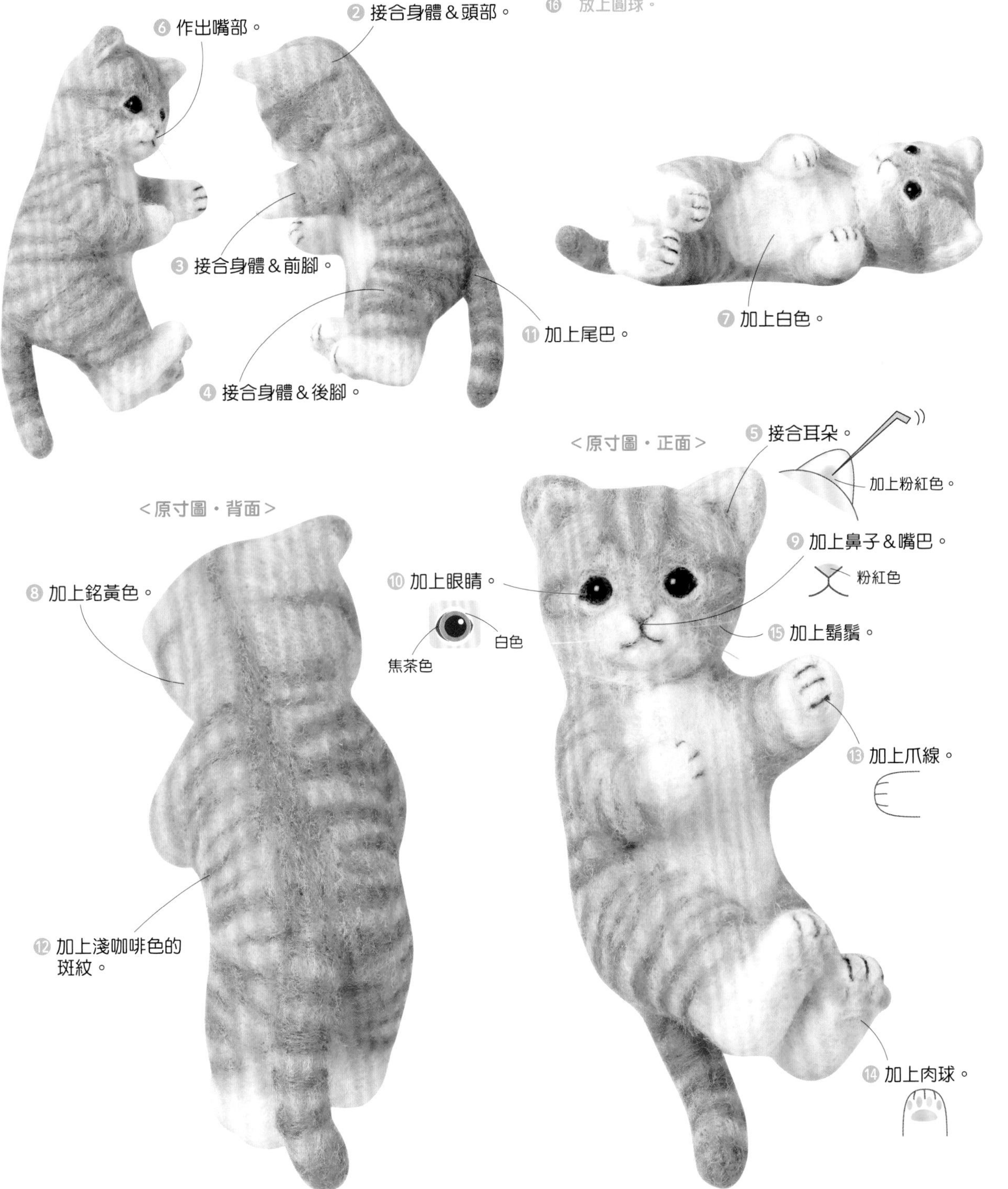

黑白乳牛貓 ⋯ P.24至P.25

材料

HAMANAKA填充羊毛：象牙白（310）8g
HAMANAKA羊毛條
Solid：白色（1）2g
粉紅色（36）少量
Mix：象牙黑（209）1g
釣魚線（2號）：30cm

作品尺寸　高5.7cm

★請先閱讀P.34至P.41（柴犬的作法），掌握基本要領後再開始製作。

作法

❶ 參照原寸組件圖稿製作各組件。

❷ 加上前腳。

以白色羊毛戳刺出蓬起的前腳。

❸ 接合身體＆頭部。

頭部對準身體上方的接合處，以戳針戳刺一圈固定。再分次追加白色羊毛，垂直放在頭與身體的接合處後以戳針戳刺固定，並重複戳刺脖子周圍加強固定。

❹ 接合耳朵（參照P.39）。

將耳朵的軟毛向頭部後側攤開成弧線狀，對準頭部的接合處，以戳針戳刺固定，再於接合處追加少量同色羊毛後戳刺加強固定。

❺ 作出嘴部（參照P.68）。

將白色羊毛團放在嘴部位置，以戳針戳刺固定。

❻ 在頭部＆身體加上白色。

在頭部＆身體加上白色羊毛並戳刺固定。

❼ 加上尾巴。

整理尾巴的軟毛，對準與屁屁的接合處以戳針戳刺固定。再於尾巴根部追加少量的象牙黑羊毛以加強固定。

<原寸組件圖稿>

☆除了頭＆身體使用填充羊毛製作之外，其餘皆以羊毛條製作。

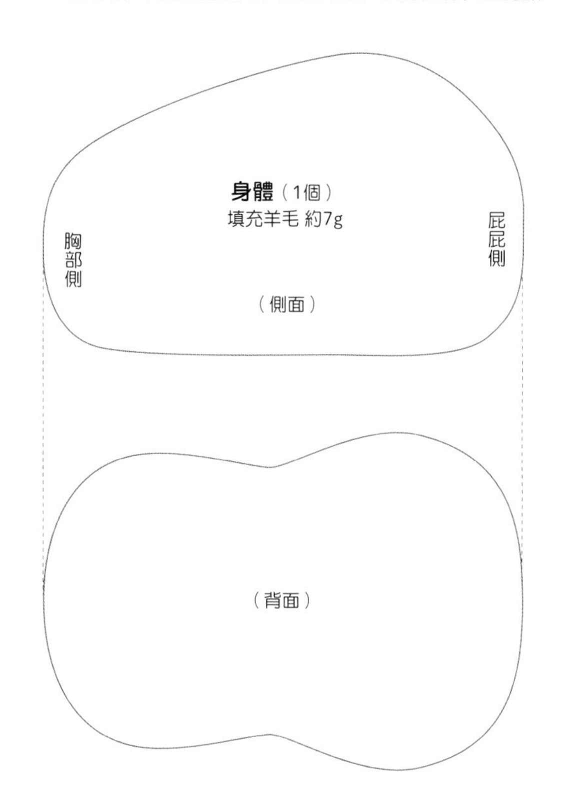

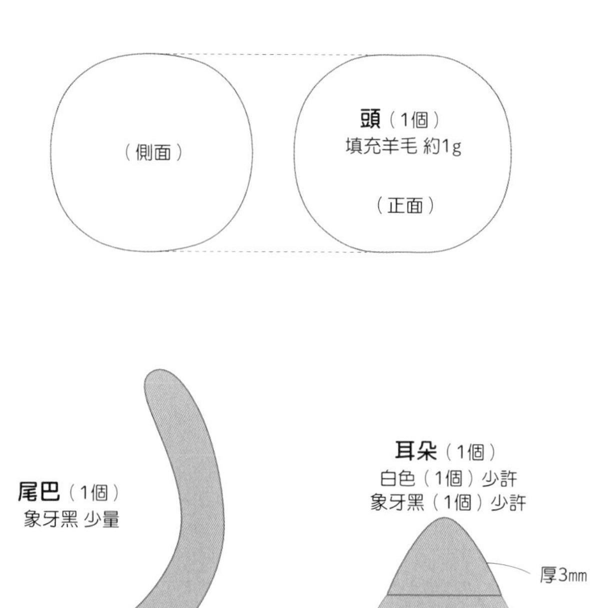

⑧ 在頭部＆身體加上象牙黑。

在頭部＆身體加上象牙黑的斑紋。

⑨ 加上眼睛。

取少量象牙黑羊毛，以手指捻成細線後戳刺固定成眼睛。

⑩ 加上鼻子＆嘴巴。

取少量象牙黑羊毛，以手指捻成粗細適當的細線，戳刺出鼻子＆嘴線。再於鼻頭加上淡淡的粉紅色，並以戳針戳刺固定。

⑪ 在耳朵內側加上粉紅色。

⑫ 加上左右各三根的鬍鬚（參照P.69）。

<作法順序圖>

① 參照原寸組件圖稿製作各組件。

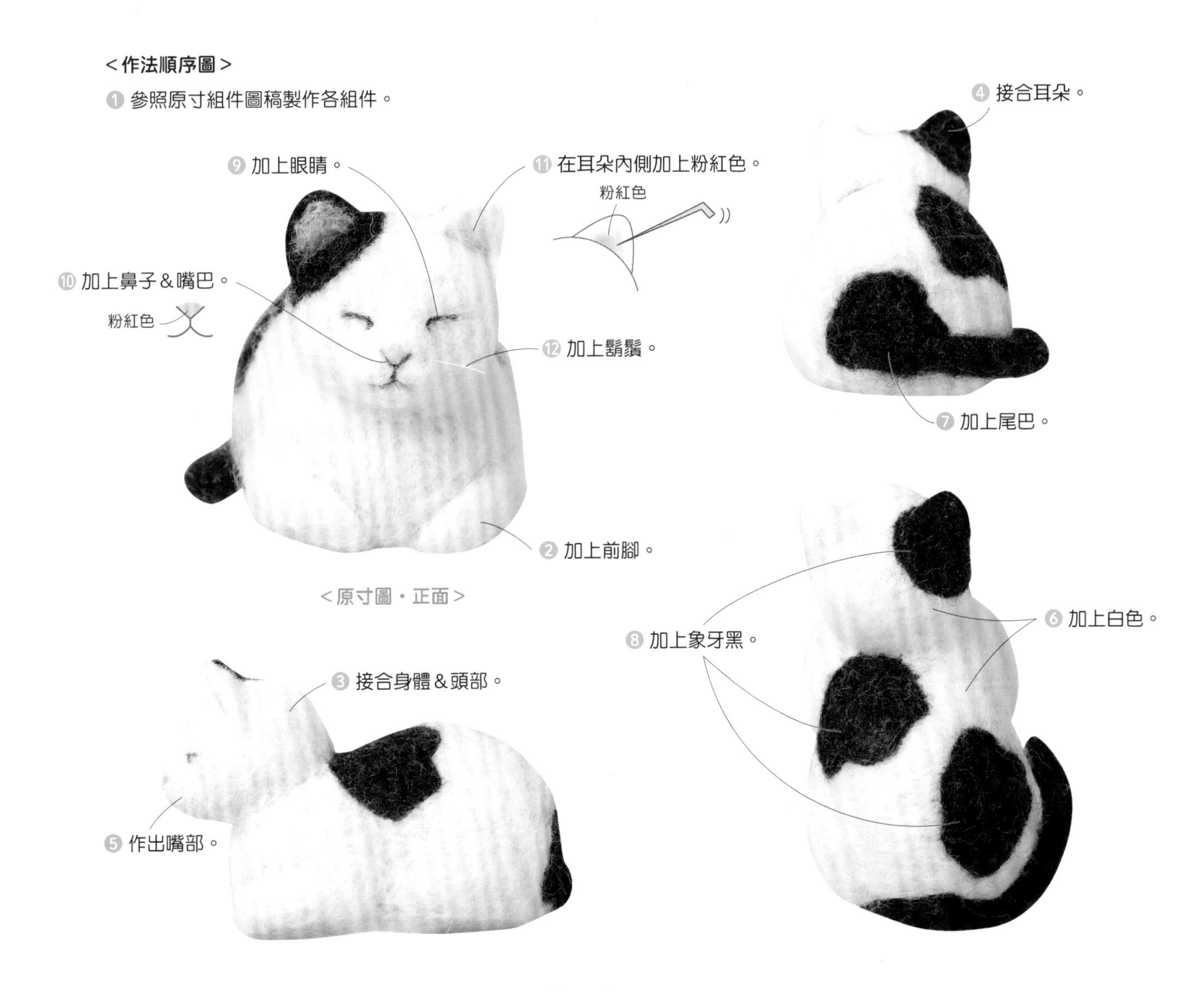

<原寸圖・正面>

玳瑁貓 … P.24至P.25

材料

HAMANAKA填充羊毛：象牙白（310）10g
HAMANAKA羊毛條
Solid：白色（1）5g
深灰色（55）1g
粉紅色（36）少量
紅色（24）少量
黃色（45）少量
Natural Blend：淺咖啡（808）1g
HAMANAKA彩色圓眼：透明棕4.5mm　2個
釣魚線（2號）：30cm

作品尺寸　高9.7cm

★請先閱讀P.34至P.41（柴犬的作法），掌握基本要領後再開始製作。

作法

❶ 參照原寸組件圖稿製作各組件。

❷ 接合身體＆前腳。

整理前腳上方的軟毛，對準與身體正面的接合處後，以戳針戳刺固定。再於接合處追加少量白色羊毛，修整塑形並戳刺固定。

❸ 作出胖胖的大腿。

撕取少量白色羊毛，整理成適當的形狀＆放在大腿的位置後，以戳針戳刺固定。再重疊追加羊毛＆修整造型，作出胖胖的大腿。

❹ 接合身體＆後腳。

攤開後腳的軟毛，對準與身體底部的接合處，以戳針戳刺固定。

❺ 接合身體＆頭部。

頭部對準身體上方的接合處，以戳針戳刺一圈固定。再分次追加白色羊毛，垂直放在頭部＆身體的接合處後以戳針戳刺固定，並重複戳刺脖子周圍加強固定。

❻ 作出嘴部（參照P.68）。

將白色羊毛團放在嘴部位置，以戳針戳刺固定。

❼ 加上鼻子＆嘴巴。

取少量深灰色羊毛，以手指捻成粗細適當的細線，戳刺出鼻子＆嘴線。再於鼻頭加上淡淡的粉紅色，並以戳針戳刺固定。

❽ 接合耳朵。

將耳朵的軟毛向頭部後側攤開成弧線狀，對準頭部的接合處以戳針戳刺固定，再於接合處追加少量深灰色羊毛並戳刺加強固定。

❾ 在頭部＆身體加上白色羊毛。

❿ 加上眼睛。

找到眼睛的位置，以錐子戳出小洞，再將彩色圓眼沾取白膠後插入。並在眼睛周圍追加少量深灰色羊毛後戳刺固定。

＜原寸組件圖稿＞

☆除了頭＆身體使用填充羊毛製作之外，其餘皆以羊毛條製作。

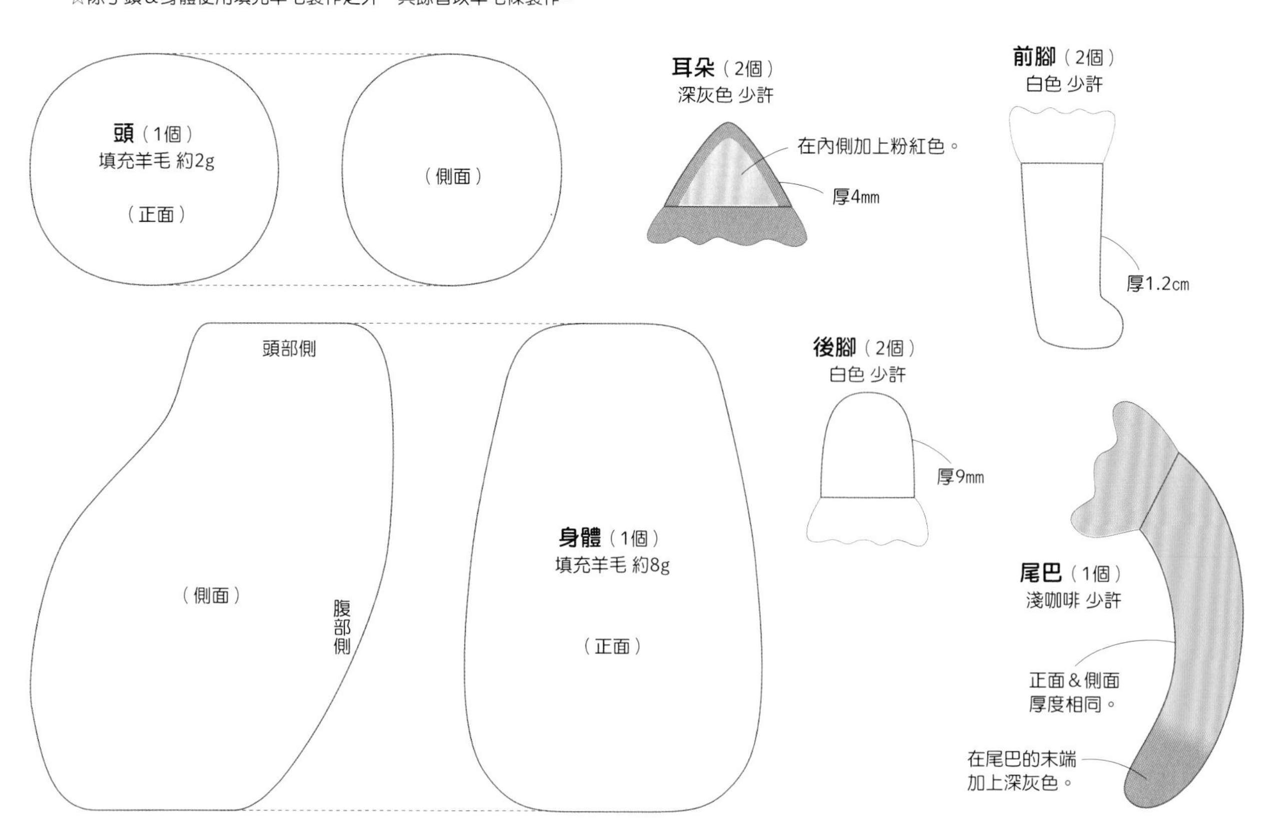

⑪ 加上尾巴。
攤開尾巴的軟毛，對準與屁屁的接合處以戳針戳刺固定。再於尾巴根部追加少量的淺咖啡色羊毛以加強固定。
⑫ 在身體、頭部和尾巴加上淺咖啡色＆深灰色斑紋。
⑬ 在腳尖處加上爪線。
取極少量深灰色羊毛，以手指捻成細線後戳刺固定成爪線。
⑭ 加上左右各三根的鬍鬚（參照P.69）。
⑮ 加上3㎜寬的紅色項圈，並以白膠黏上直徑6㎜的黃色圓球。

<作法順序圖>

❶ 參照原寸組件圖稿製作各組件。

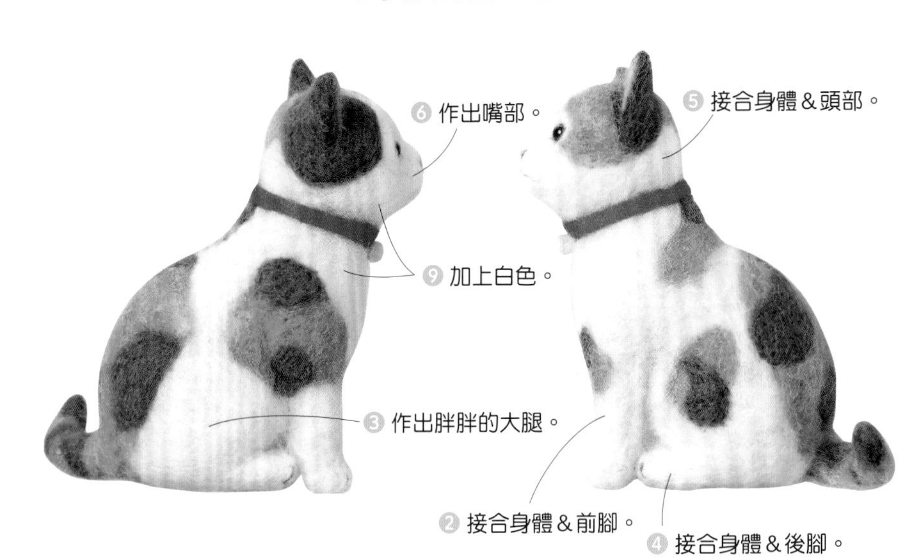

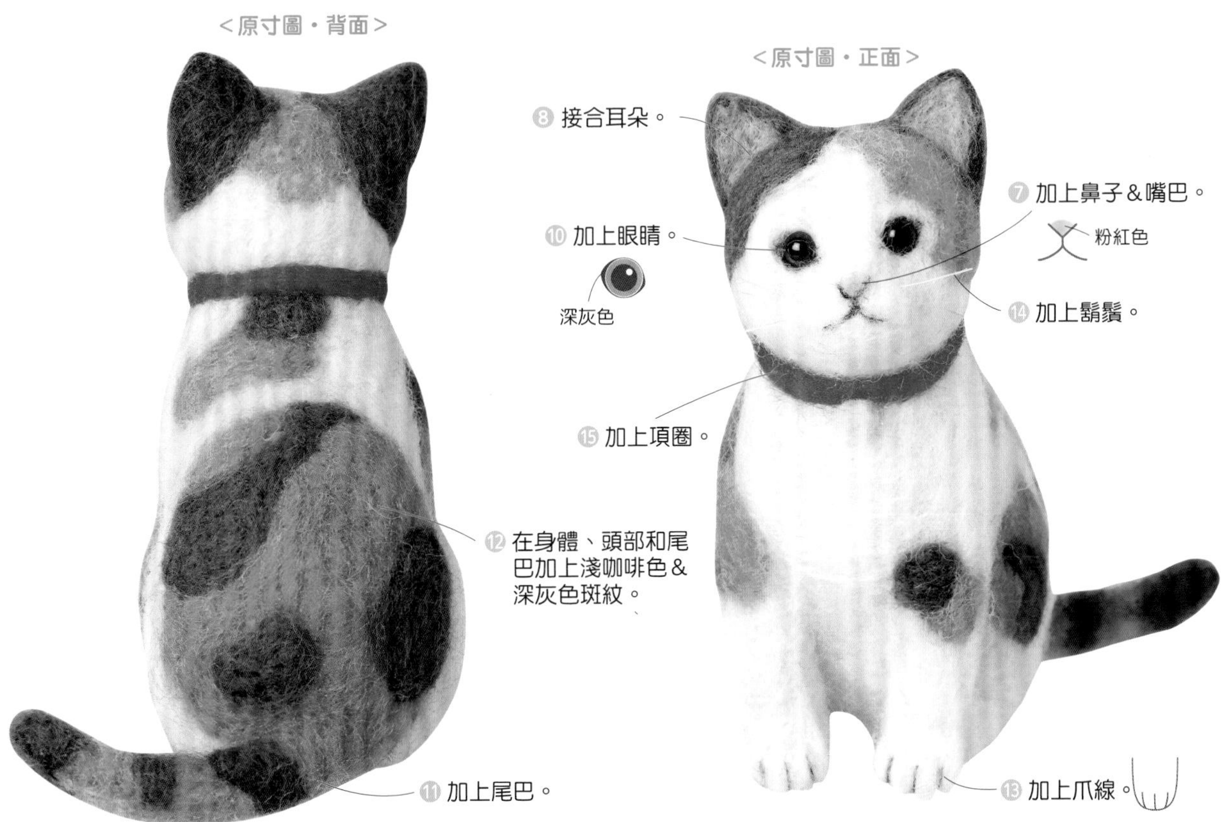

荷蘭迷你兔 …P.26至P.27

材料

HAMANAKA填充羊毛：象牙白（310）7g
HAMANAKA羊毛條
　Natural Blend：淺咖啡（808）3g
　　　　　　　　淺米色（802）1g
　　　　　　　　焦茶色（804）少量
　Solid：黑色（9）少量
HAMANAKA單色圓眼：5㎜　2個
釣魚線（2號）：30㎝

作品尺寸　高7㎝

★請先閱讀P.34至P.41（柴犬的作法），
掌握基本要領後再開始製作。

作法

❶ 參照原寸組件圖稿製作各組件。

❷ 接合身體＆頭部。

頭部對準身體上方的接合處，以戳針戳刺一圈固定。再分次追加淺咖啡色羊毛，垂直放在頭與身體的接合處後，以戳針戳刺固定，並重複戳刺脖子周圍加強固定。

❸ 接合身體＆腳部。

整理腳部上方的軟毛，對準與身體底部的接合處以戳針戳刺固定。再於接合處追加少量淺米色羊毛，戳刺加強固定。

❹ 接合耳朵。

抓住耳朵根部對摺成一半，對準頭部的接合處後以戳針戳刺固定，並在接合處追加少量淺咖啡色羊毛後戳刺加強固定。

❺ 在身體底部加上淺米色羊毛。

❻ 在頭部、身體底部以外的區塊加上淺咖啡色。

❼ 加上鼻子＆嘴巴。

取少量焦茶色羊毛，以手指捻成粗細適當的細線，戳刺出鼻子＆嘴線。

<原寸組件圖稿>

☆除了頭＆身體使用填充羊毛製作之外，其餘皆以羊毛條製作。

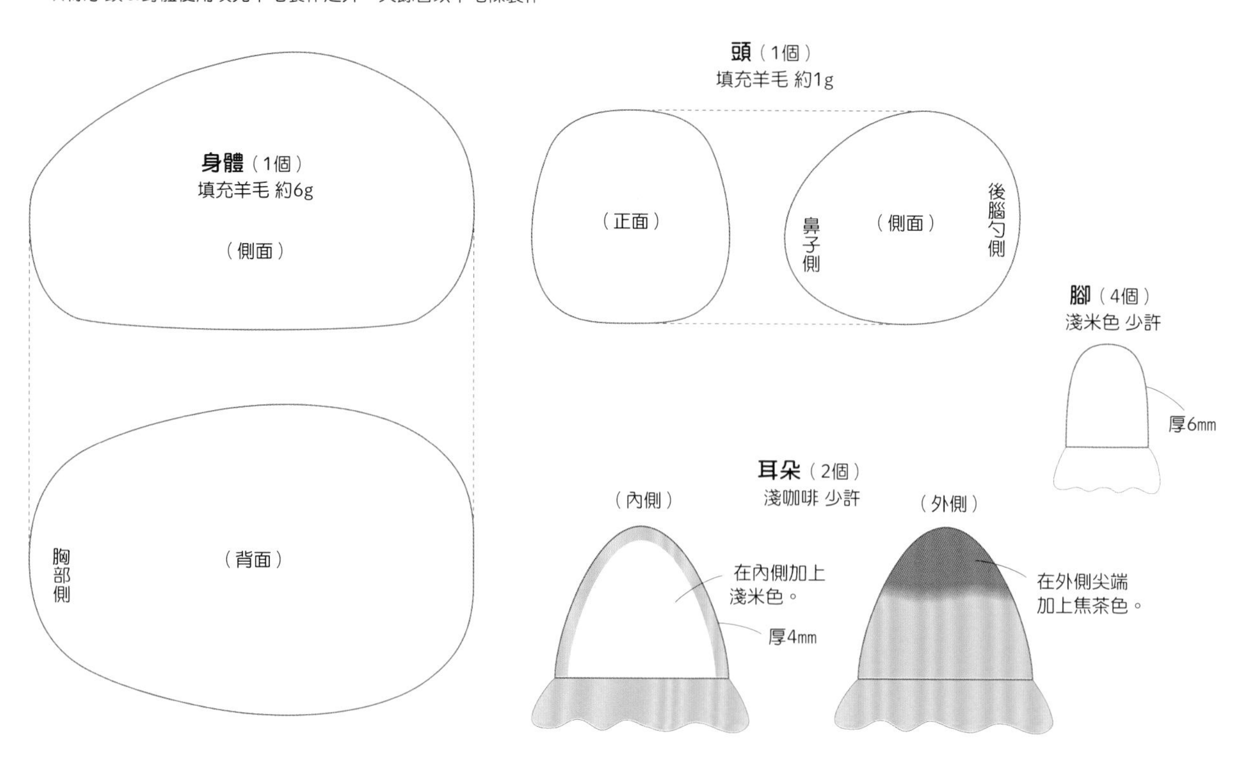

❽ 加上眼睛。

找到眼睛的位置，以錐子戳出小洞，將單色圓眼沾取白膠後插入，並在眼尾追加黑色羊毛後戳刺固定。

❾ 在眼睛周圍、鼻子和嘴巴周圍加上淺米色。

❿ 在腳尖處加上爪線。

取極少量焦茶色羊毛，以手指捻成細線後戳刺固定成爪線。

⓫ 加上尾巴。

取少量淺米色羊毛，放在工作墊上輕戳成圓形，接著放在屁屁的位置後以戳針戳刺固定。

⓬ 加上左右各三根的鬍鬚（參照P.69）。

<作法順序圖>

❶ 參照原寸組件圖稿製作各組件。

荷蘭垂耳兔 … P.26至P.27

材料

HAMANAKA填充羊毛：象牙白（310）7g
HAMANAKA羊毛條
Natural Blend：米色（807）3g
淺米色（802）1g
淺咖啡（808）少量
Solid：焦茶色（41）少量
HAMANAKA單色圓眼：5mm　2個
釣魚線（2號）：30cm

作品尺寸　高5.5cm

★請先閱讀P.34至P.41（柴犬的作法），
掌握基本要領後再開始製作。

作法

❶ 參照原寸組件圖稿製作各組件。

❷ 接合身體＆頭部。

頭部對準身體上方的接合處，以戳針戳刺一圈固定。再分次追加少量米色羊毛，垂直放在頭與身體的接合處後以戳針戳刺固定，並重複戳刺脖子周圍加強固定。

❸ 接合身體＆腳部。

整理腳部上方的軟毛，對準與身體底部的接合處以戳針戳刺固定。並在接合處追加少量淺米色羊毛，戳刺加強固定。

❹ 接合耳朵。

抓住耳朵根部對摺成一半，對準頭部的接合處以戳針戳刺固定，並在接合處追加少量米色羊毛後戳刺加強固定。

❺ 在身體底部加上淺米色羊毛。

❻ 在頭、身體底部以外的區塊加上米色。

❼ 加上鼻子＆嘴巴。

取少量焦茶色羊毛，以手指捻成粗細適當的細線，戳刺出鼻子＆嘴線，並在鼻頭處加上淺咖啡色。

<原寸組件圖稿>

☆除了頭＆身體使用填充羊毛製作之外，其餘皆以羊毛條製作。

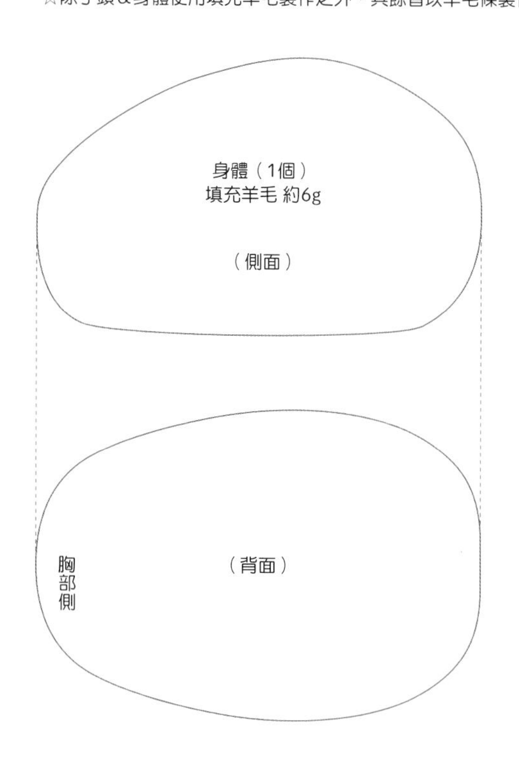

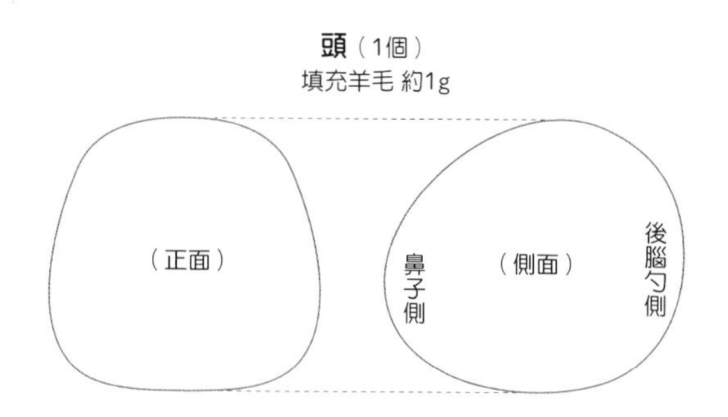

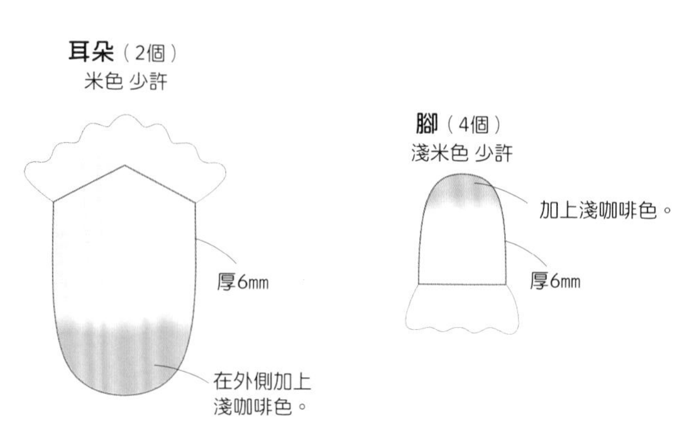

⑧ 加上眼睛。
找到眼睛的位置，以錐子戳出小洞，將單色圓眼沾取白膠後插入，
並在眼尾追加淺咖啡色羊毛後戳刺固定。
⑨ 在腳尖處加上爪線。
取極少量焦茶色羊毛，以手指捻成細線後戳刺固定成爪線。
⑩ 加上尾巴。
取少量淺米色羊毛，放在工作墊上輕戳成圓形＆放在屁屁的位置，
以戳針戳刺固定。
⑪ 加上左右各三根的鬍鬚（參照P.69）。

<作法順序圖>

❶ 參照原寸組件圖稿製作各組件。

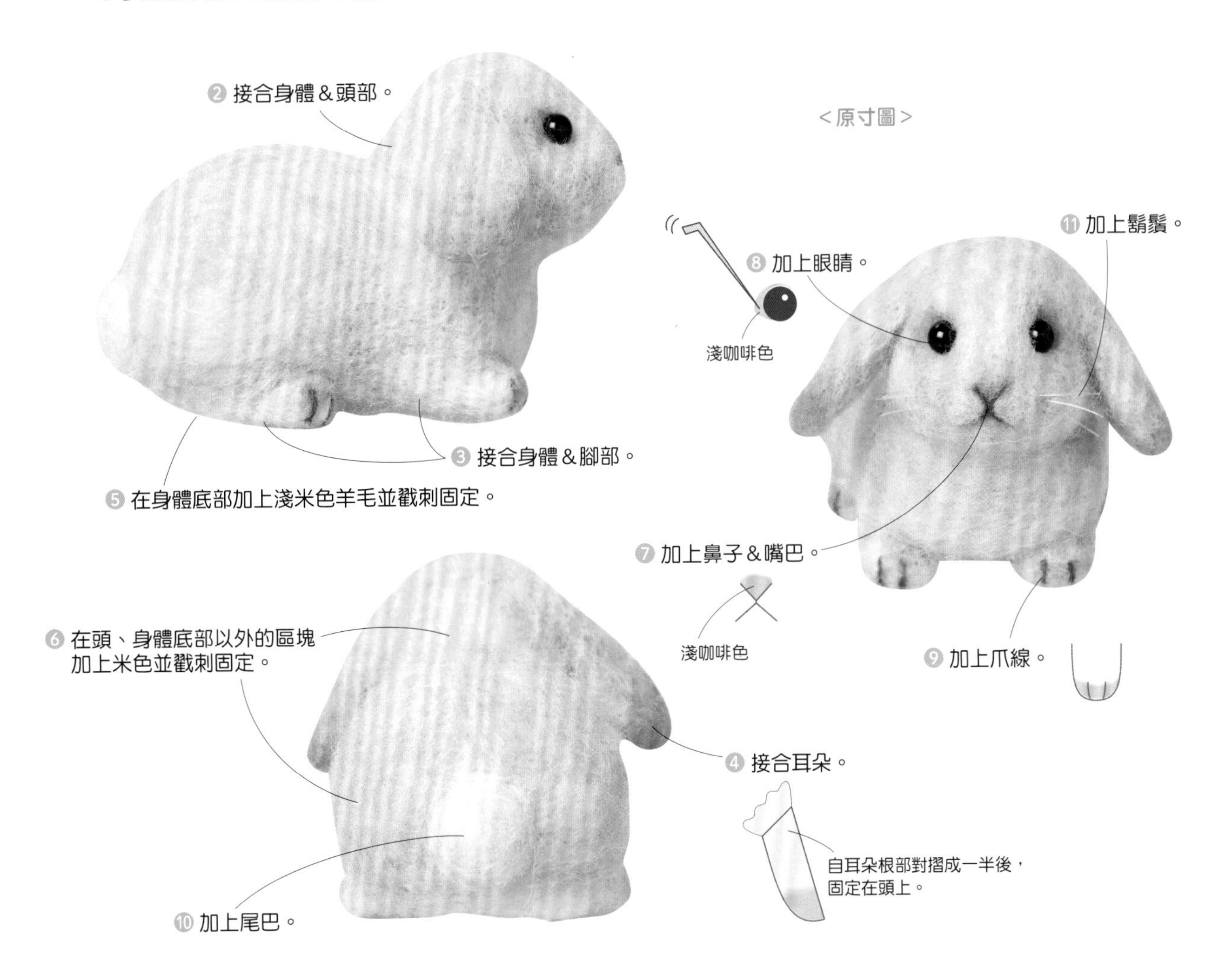

黃色加卡利亞倉鼠 … P.28至P.29

材料

HAMANAKA填充羊毛：象牙白（310）8g

HAMANAKA羊毛條

Natural Blend：淺米色（802）4g
淺茶色（803）少量
豆沙色（816）少量

Solid系列：粉紅色（36）少量
黑色（9）少量

HAMANAKA單色圓眼：5mm　2個

釣魚線（2號）：30cm

作品尺寸　高8cm

★請先閱讀P.34至P.41（柴犬的作法），掌握基本要領後再開始製作。

作法

❶ 參照原寸組件圖稿製作各組件。

❷ 作出胖胖的大腿。

在大腿的位置放上淺米色羊毛後，以戳針戳刺固定成胖胖的大腿。

❸ 接合基體＆前腳。

整理前腳上方的軟毛＆對準與身體的接合處，以戳針戳刺固定，並在接合處追加少量淺米色羊毛後戳刺固定。

❹ 接合基體＆後腳。

攤開後腳的軟毛，對準大腿下方的接合處後以戳針戳刺固定，再於接合處追加少量淺米色羊毛戳刺固定。

❺ 接合耳朵。

將耳朵軟毛向頭部後側攤開成弧線狀＆對準頭部的接合處，以戳針戳刺固定。再於接合處追加少量淺米色羊毛後戳刺加強固定，並在內側加上粉紅色。

❻ 在基體加上淺米色。

❼ 加上鼻子＆嘴巴。

取少量豆沙色羊毛，以手指捻成粗細適當的細線，戳刺出鼻子＆嘴線。再於鼻頭加上淡淡的粉紅色，並以戳針戳刺固定。

<原寸組件圖稿>

☆除了頭＆身體使用填充羊毛製作之外，其餘皆以羊毛條製作。

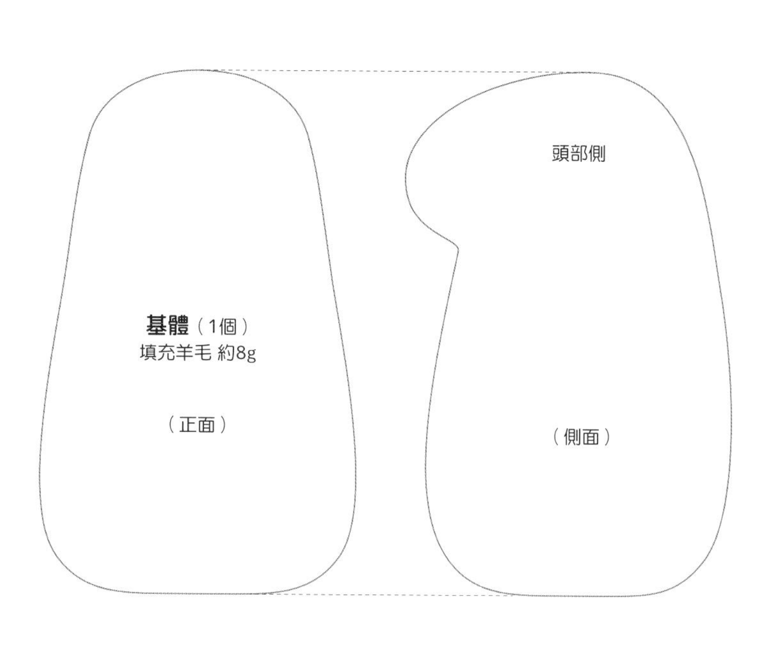

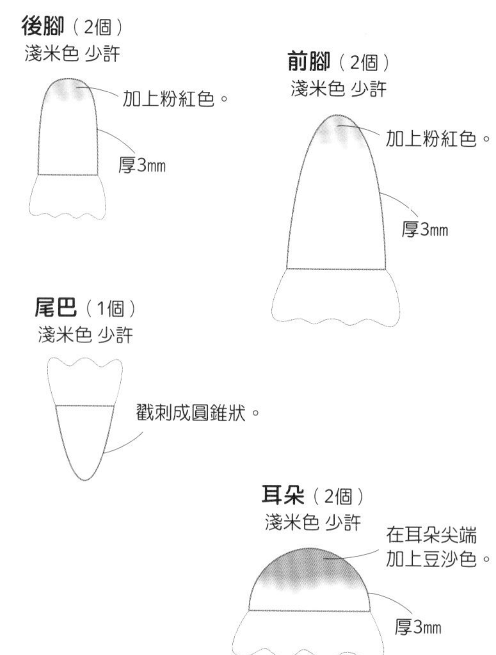

⑧ 加上眼睛。

找到眼睛的位置，以錐子戳出小洞，將單色圓眼沾取白膠後插入，再於眼尾追加黑色羊毛戳刺固定。

⑨ 在腳尖處加上爪線。

取極少量豆沙色羊毛，以手指捻成細線後戳刺固定成爪線。

⑩ 加上尾巴。

攤開尾巴的軟毛＆對準與屁屁的接合處，以戳針戳刺固定，並在尾巴根部追加少量的淺米色羊毛以加強固定。

⑪ 以淺茶色刺出背上的斑紋。

⑫ 加上左右各三根的鬍鬚（參照P.69）。

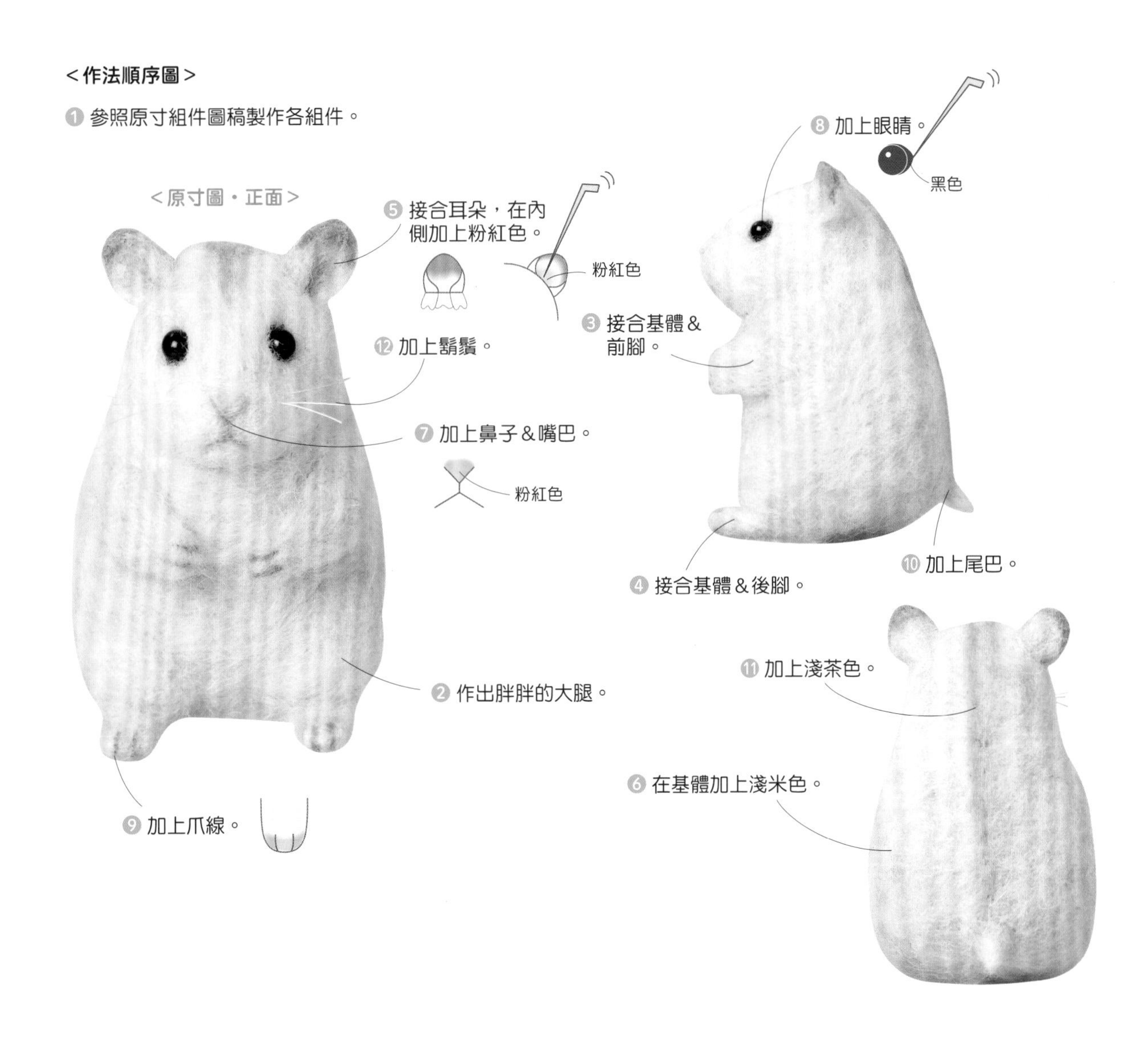

黃金鼠 … P.28至P.29

材料

HAMANAKA填充羊毛：象牙白（310）7g
HAMANAKA羊毛條
　Natural Blend：原色（801）2g
　　　　　　　　淺茶色（803）2g
　Solid：粉紅色（36）少量
　　　　焦茶色（41）少量
　　　　黑色（9）少量
HAMANAKA單色圓眼：5mm　2個
釣魚線（2號）：30cm

作品尺寸　高4.4cm

★請先閱讀P.34至P.41（柴犬的作法），
掌握基本要領後再開始製作。

作法

❶ 參照原寸組件圖稿製作各組件。

❷ 接合基體＆腳部。

整理腳部上方的軟毛＆對準與基體底部的接合處，以戳針戳刺固定，並在接合處追加少量原色羊毛後戳刺固定。

❸ 接合耳朵。

軟毛向頭部後側攤開成弧線狀，對準頭部的接合處以戳針戳刺固定，再於接合處追加少量淺茶色羊毛後戳刺加強固定。

❹ 加上尾巴。

整理尾巴的軟毛＆對準與屁屁的接合處，以戳針戳刺固定。再於尾巴根部追加少量的原色羊毛以加強固定。

❺ 在基體加上原色羊毛。

❻ 在基體加上淺茶色。

❼ 加上鼻子＆嘴巴。

取少量焦茶色羊毛，以手指捻成粗細適當的細線，戳刺出鼻子＆嘴線。再於鼻頭加上淡淡的粉紅色，並以戳針戳刺固定。

＜原寸組件圖稿＞

☆除了頭＆身體使用填充羊毛製作之外，其餘皆以羊毛條製作。

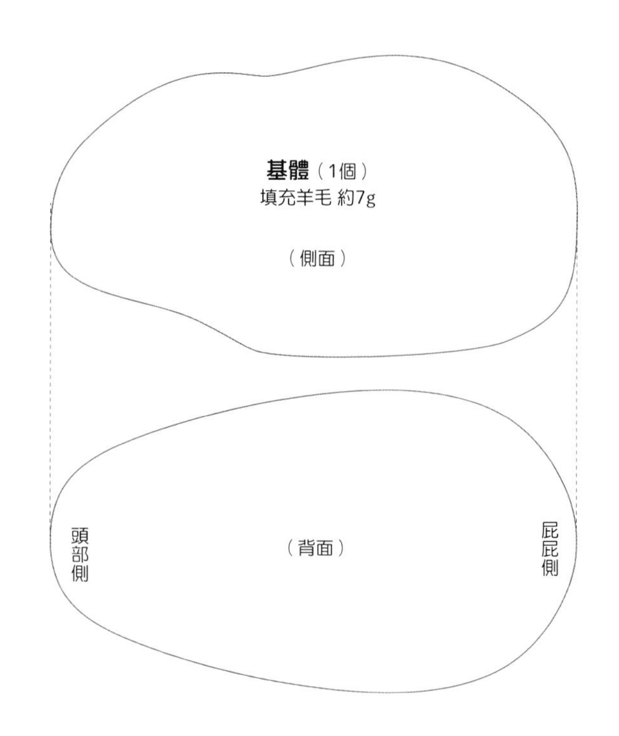

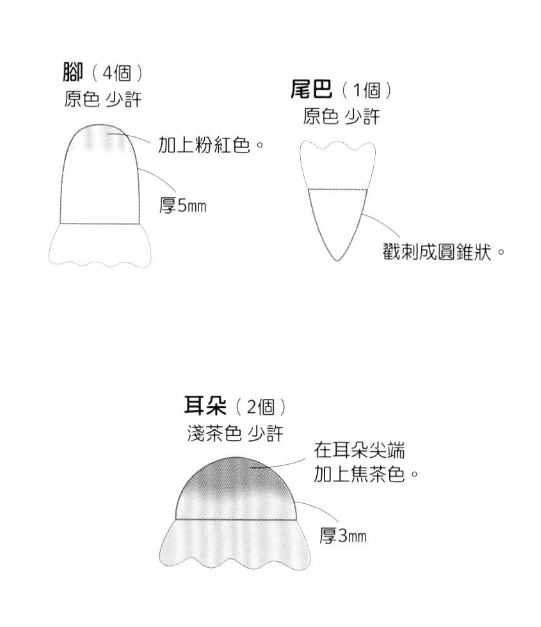

❽ 加上眼睛。

找到眼睛的位置，以錐子戳出小洞，將單色圓眼沾取白膠後插入，
並在眼尾追加黑色羊毛後戳刺固定。

❾ 在腳尖處加上爪線。

取極少量焦茶色羊毛，以手指捻成細線後戳刺固定成爪線。

❿ 加上左右各三根的鬍鬚（參照P.69）。

<作法順序圖>

❶ 參照原寸組件圖稿製作各組件。

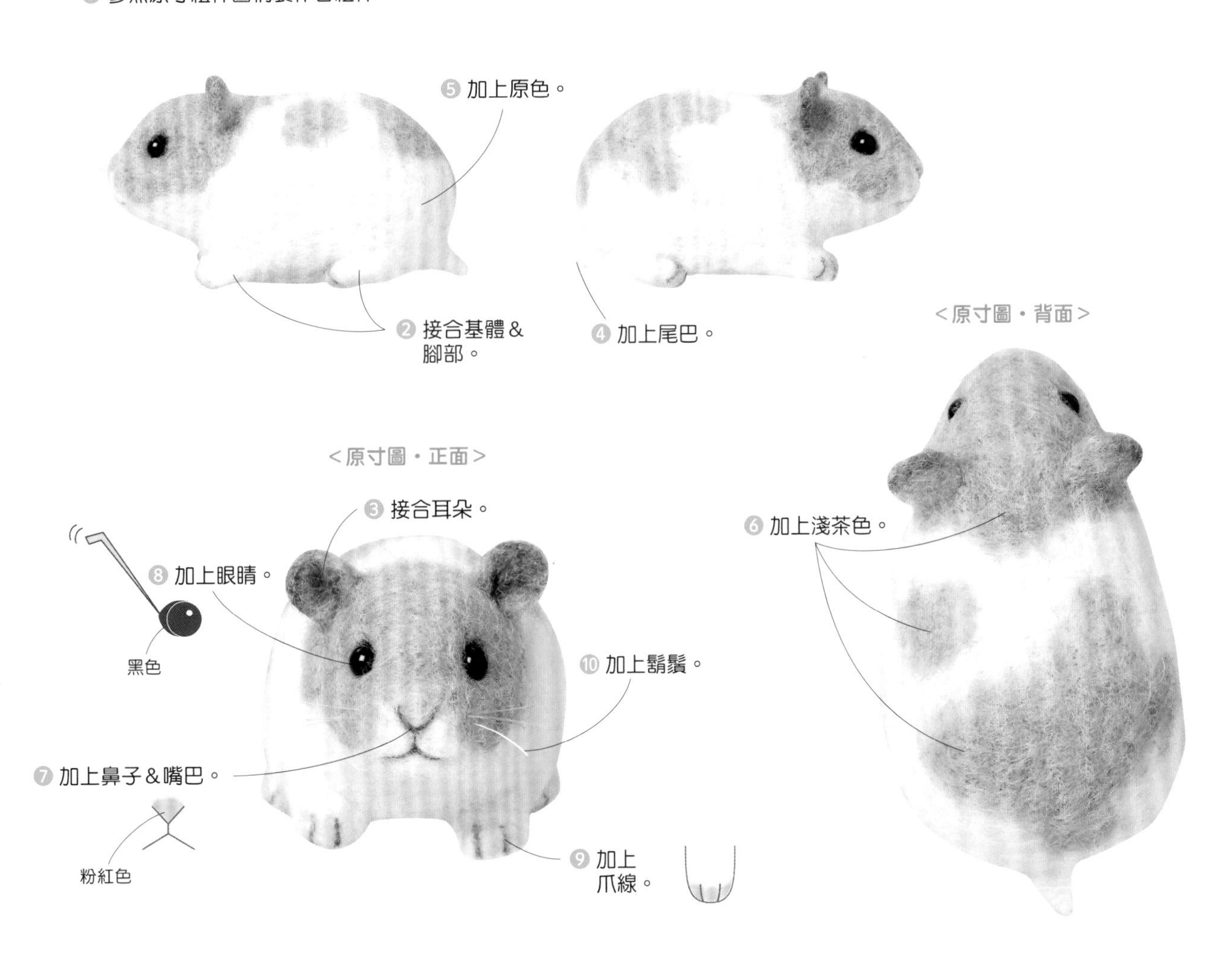

迷你刺蝟… P.30至P.31

材料（1個分）
HAMANAKA填充羊毛：象牙白（310）6g
HAMANAKA羊毛條
Natural Blend：淺米色（802）2g
豆沙色（816）少量
Mix：深咖啡色（208）少量
Solid：粉紅色（36）少量
HAMANAKA SONOMONO TWEED毛呢毛線：灰色（75）2g
HAMANAKA單色圓眼：4.5㎜　2個

作品尺寸　仰躺：長7㎝
站立：高5㎝

★請先閱讀P.34至P.41（柴犬的作法），掌握基本要領後再開始製作。

作法　※除了特別指定處之外，其餘為共通作法。

❶ 參照原寸組件圖稿製作各組件。
❷ 在基體的臉部＆肚子加上淺米色。
❸ 接合基體＆腳。

<仰躺>
整理前腳的軟毛，對準臉部下方的接合處後以戳針戳刺固定。在接合處追加少量淺米色羊毛＆戳刺固定後；整理後腳的軟毛，對準與身體的接合處以戳針戳刺固定，並在接合處追加少量淺米色羊毛，再戳刺出腳的形狀。

<站立>
整理前腳的軟毛，對準臉部下方的接合處以戳針戳刺固定，並在接合處追加少量淺米色羊毛＆戳刺固定後；整理後腳的軟毛，對準與身體底部的接合處以戳針戳刺固定，並在接合處追加少量淺米色羊毛戳刺固定。

❹ 在腳尖處加上爪線。
取極少量豆沙色羊毛，以手指捻成細線後戳刺固定成爪線。

❺ 接合耳朵。
以手指捏起耳朵，對準頭部的接合處後以戳針戳刺固定，並在接合處追加少量淺米色羊毛戳刺加強固定。

❻ 在鼻子周圍加上混色羊毛。
在臉部凸出的鼻子周圍加上以豆沙色＆淺米色1：1混色的羊毛並戳刺固定（參照P.37）。

❼ 加上鼻子。
取少量深咖啡色羊毛，放在工作墊上輕戳成鼻子的形狀，再放在鼻頭的位置，以針戳刺固定。

❽ 加上嘴巴。
取少量深咖啡色羊毛，以手指捻成粗細適當的細線，戳刺出鼻子＆嘴線。

❾ 加上眼睛。
找到眼睛的位置，以錐子戳出小洞，將單色圓眼沾取白膠後插入。

❿ 以裁剪成4㎝長的毛線（HAMANAKA SONOMONO TWEED）進行植毛，完成背上的刺。

<原寸組件圖稿>
☆除了基體使用填充羊毛製作之外，其餘皆以羊毛條製作。
無特別指定<仰躺>・<站立>的組件為共通組件。

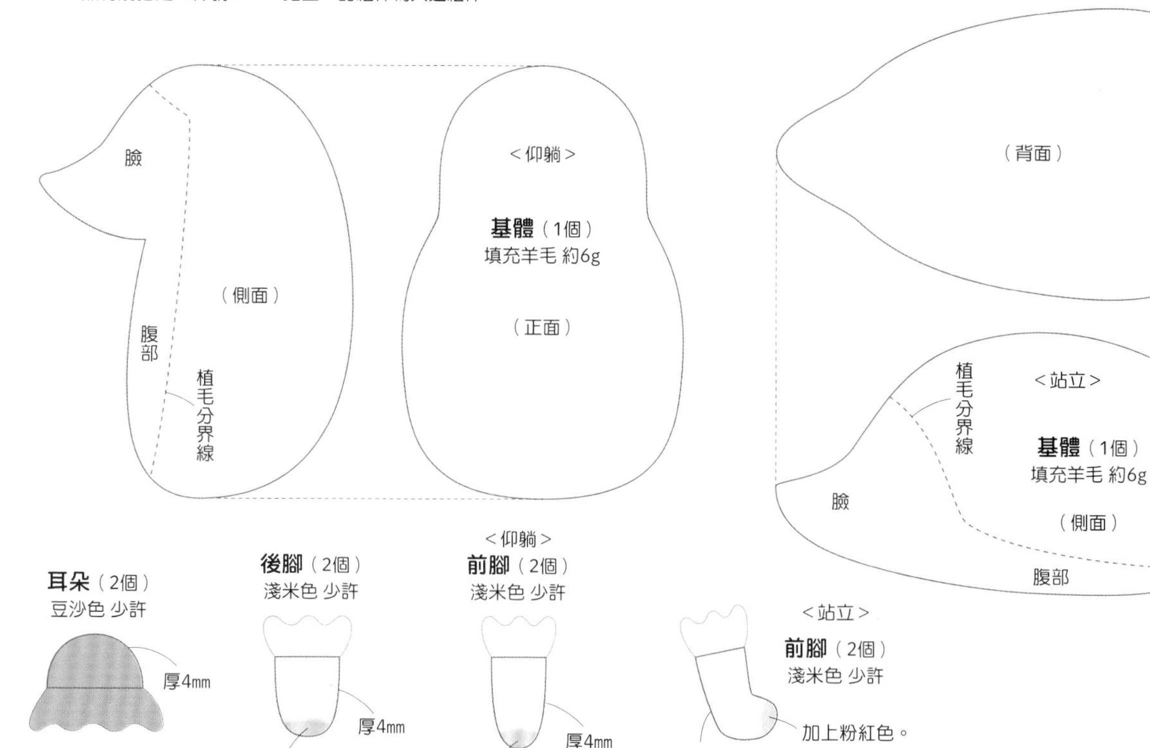

<作法順序圖>
❶ 參照原寸組件圖稿製作各組件。
<仰躺>
<原寸圖・正面>
❷ 加上淺米色。
❻ 在鼻子周圍加上混色羊毛。
❿ 以植毛完成背上的刺。
❾ 加上眼睛。
❼ 加上鼻子。
❽ 加上嘴巴。
❸ 接合基體＆腳。
❺ 接合耳朵。
❹ 加上爪線。
<站立>
<原寸圖・側面>
❻ 在鼻子周圍加上混色羊毛。
❷ 加上淺米色。
❸ 接合基體＆腳。
❿ 以植毛完成背上的刺。
❹ 加上爪線。
<原寸圖・正面>
❺ 接合耳朵。
❾ 加上眼睛。
❼ 加上鼻子。
❽ 加上嘴巴。

迷你刺蝟の植毛方法

以裁剪成4cm長的毛線進行植毛，完成背上的刺。在此以站立姿勢作為示範，請以相同技巧為仰躺刺蝟植毛。

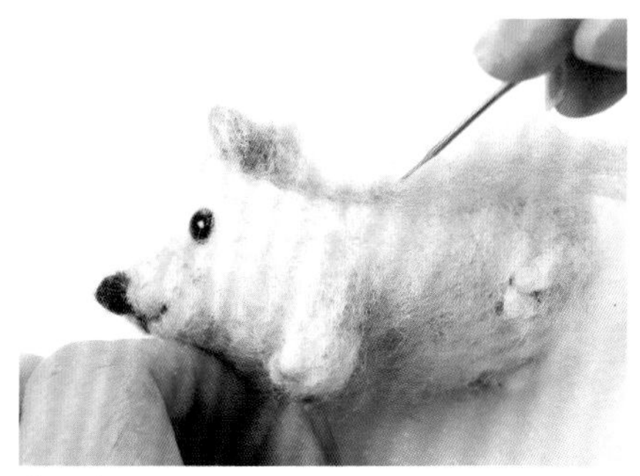

1 將豆沙色羊毛撕成細條狀，在身體上戳刺出植毛分界線。

2 完成植毛分界線。

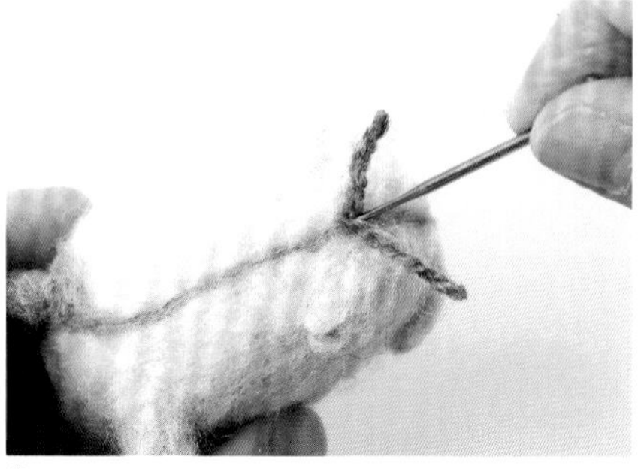

3 從屁屁的弧線處開始，將4cm的毛線對摺後戳刺固定在身上。

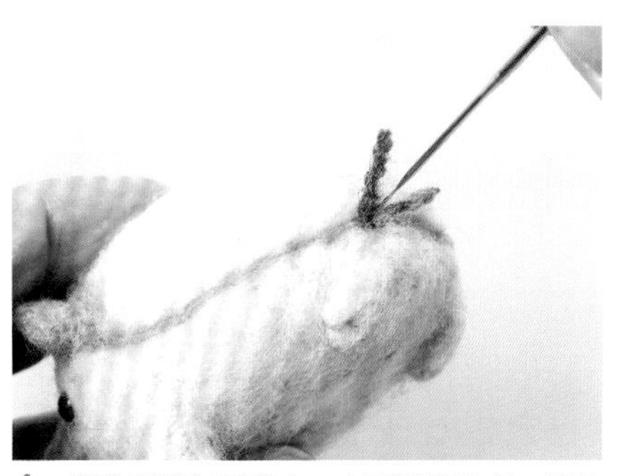

4 將針頭留在基體中，上下戳刺數次，使內裡的羊毛纏繞固定。

5 分段加上毛線。

6 完成四段植毛。

7 修剪毛線至7mm長。

8 修剪完成。

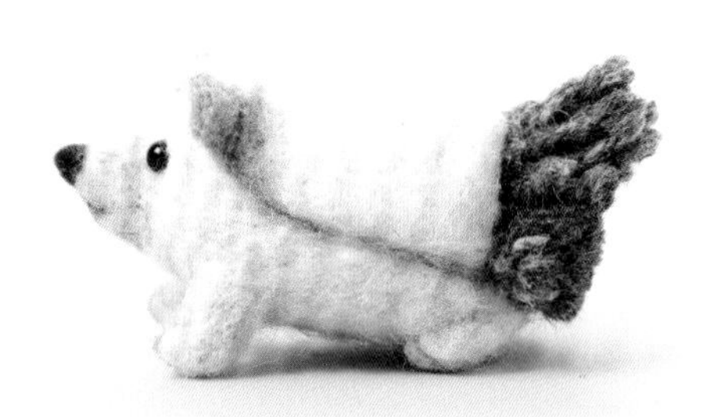

9 每完成四段植毛就修剪毛線，並對照已修剪的植毛，讓修剪過的毛線長度一致。

10 完成屁屁的植毛後，繼續往前在背部植毛。

植毛完成後，在植毛分界線上戳刺上充分撕開的淺米色羊毛，淡化植毛分界線。

<原寸圖・俯視>

植毛の方法

柔順感（減量感）の植毛方法　（吉娃娃成犬・查理士王小獵犬成犬）

作出自然的柔順毛流。

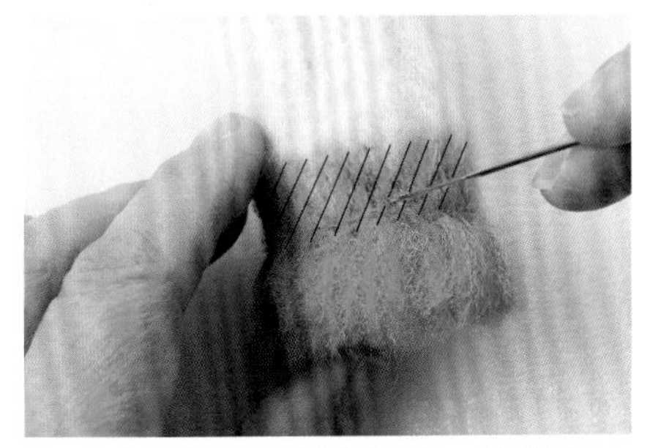

1　放上裁剪成指定長度的羊毛，戳刺固定上半部½區塊。

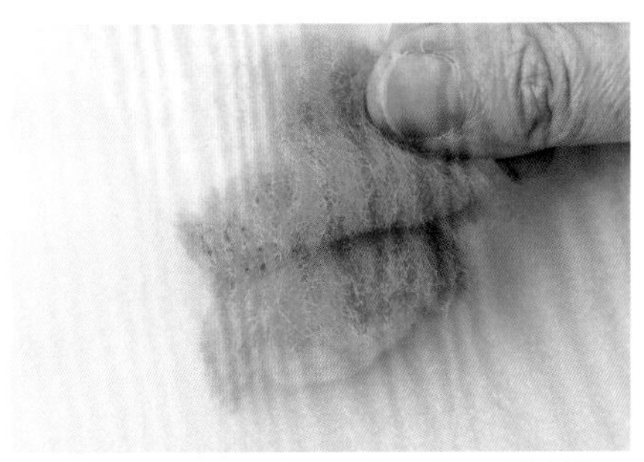

2　取另一片羊毛疊在上方，遮住已戳刺的部分。

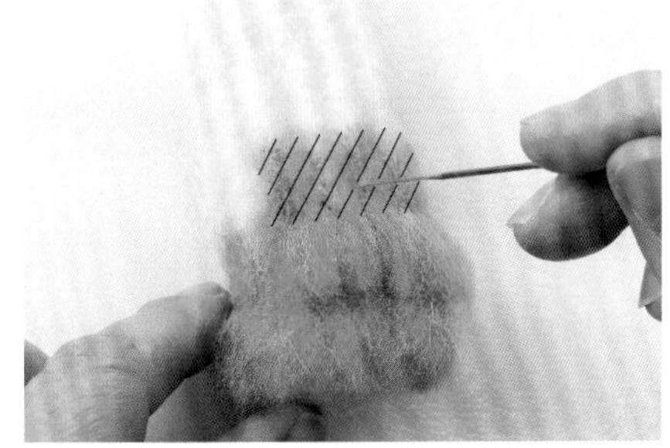

3　與1相同，戳刺固定上半部½區塊，並重複此作法完成植毛。

蓬鬆感（增量感）の植毛方法　（約克夏・博美犬・布偶貓）

作出毛量感十足的蓬鬆毛流。

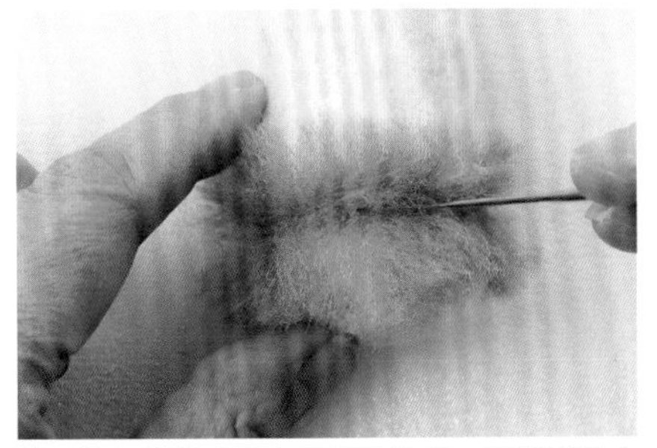

1　放上裁剪成指定長度的羊毛，戳刺固定中間線。

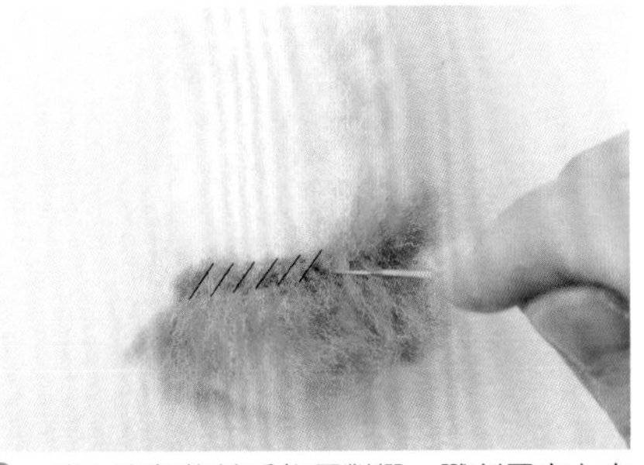

2　將上半部的羊毛往下對摺，戳刺固定上方約3㎜寬幅。

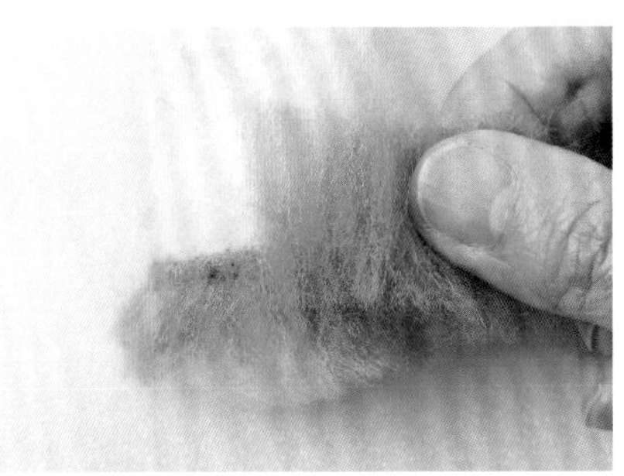

3　取另一片羊毛疊在上方，遮住已戳刺的部分。

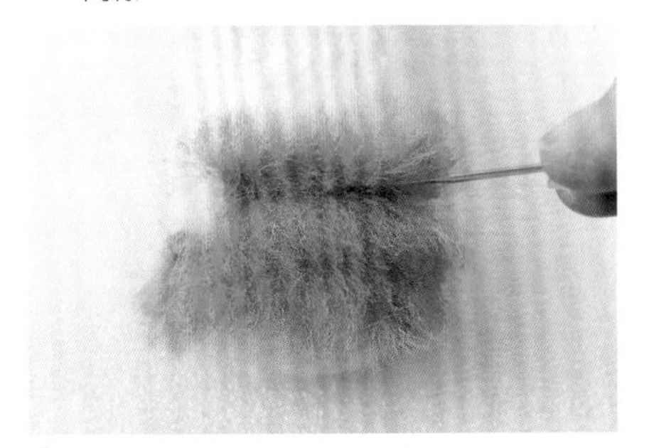

4　與1相同，戳刺固定中間線。

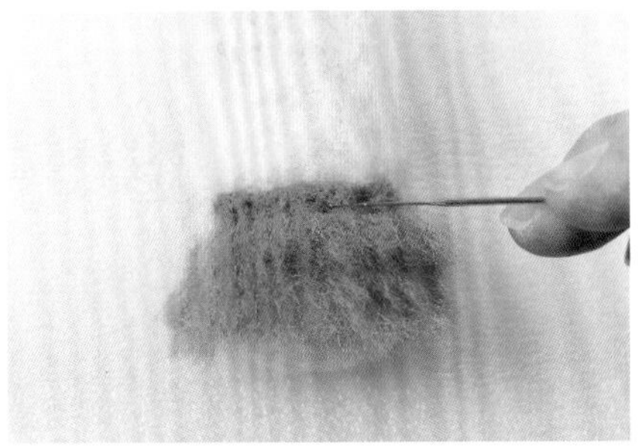

5　將上半部的羊毛往下對摺，戳刺固定上方約3㎜寬幅，並重複此作法完成植毛。

植毛Curl系列羊毛の使用方法

1　剪下20㎝至30㎝的植毛Curl系列羊毛，分次取下纏繞其中的兩根黑線。

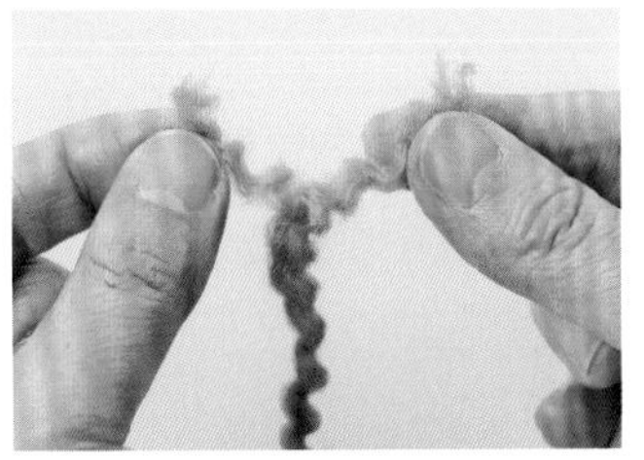

2　將羊毛分成兩半。

以植毛Curl系列進行紅貴賓犬的植毛

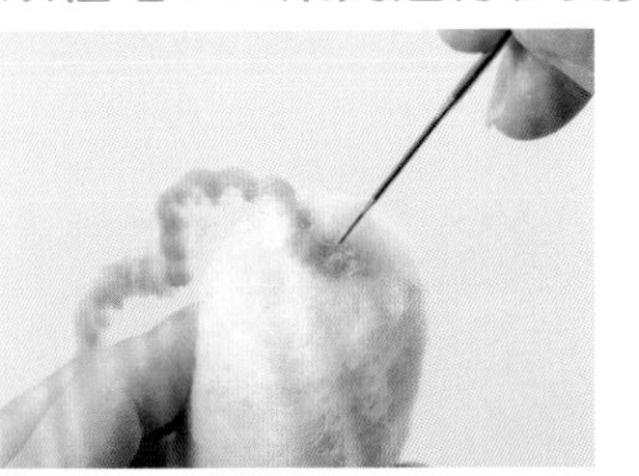

1　從頭頂中央開始，不刻意拉直Curl系列羊毛，將羊毛集中並戳刺固定。

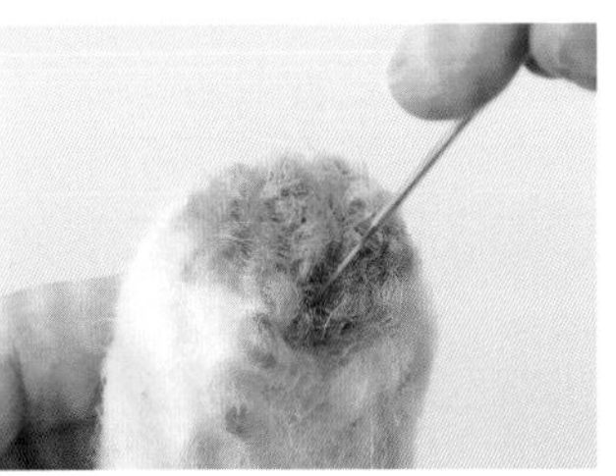

2　一邊繞圈，一邊固定，慢慢地戳刺出想要的捲曲感。

玩・毛氈 11

360°都可愛の
羊毛氈小寵物（熱銷版）

作　　者／須佐沙知子
譯　　者／陳薇卉
發 行 人／詹慶和
選 書 人／Eliza Elegant Zeal
執行編輯／陳姿伶
編　　輯／劉蕙寧・黃璟安・詹凱雲
封面設計／周盈汝・韓欣恬・陳麗娜
美術編輯／陳麗娜・周盈汝・韓欣恬
內頁排版／造極彩色印刷
出 版 者／Elegant-Boutique新手作
發 行 者／悅智文化事業有限公司
郵政劃撥帳號／19452608
戶　　名／悅智文化事業有限公司
地　　址／220新北市板橋區板新路206號3樓
電　　話／(02)8952-4078
傳　　真／(02)8952-4084
網　　址／www.elegantbooks.com.tw
電子信箱／elegant.books@msa.hinet.net

2017年2月初版一刷　2019年6月二版一刷
2023年7月三版一刷　定價320元

經銷／易可數位行銷股份有限公司
地址／新北市新店區寶橋路235巷6弄3號5樓
電話／(02)8911-0825　傳真／(02)8911-0801

國家圖書館出版品預行編目 (CIP) 資料

360°都可愛の羊毛氈小寵物 / 須佐沙知子著；陳薇卉譯. -- 三版. -- 新北市：Elegant-Boutique新手作出版：悅智文化事業有限公司發行, 2023.07
面；　公分. -- (玩.毛氈；11)
ISBN 978-626-97141-1-7(平裝)

1.CST: 手工藝

426.7　　112008160

須佐沙知子 Susa Sachiko

曾任布偶製造廠設計師，現為自由手工藝作家。
除了出版手藝相關書籍與雜誌，
也擔任手藝工具套組的設計工作，
同時也是羊毛氈手藝教室的講師。
最擅長設計可愛的動物，作品皆帶有溫暖柔和的氣氛。
著有：
《羊毛フェルトで作る はじめてどうぶつ》（日本VOGUE社出版）
《羊毛フェルトの愛らしい小鳥》（日本誠文堂新光社出版）

Staff

書籍設計師／堀江京子（netz inc.）
攝影／南雲保夫（書名頁）
　　　中辻涉（製作流程&步驟）
造型／鈴木亜紀子
製圖／米谷早織
封面插畫／くまだまり
編輯／相馬素子・佐藤周子（Little Bird）
出版者／朝日新聞出版 生活・文化編輯部（森香織）

《攝影協助》
AWABEES
UTUWA

《羊毛氈材料&工具》
HAMANAKA株式会社
京都本社
〒616-8585 京都市右京区花園薮ノ下町2番地の3

東京支店
〒103-0007 東京都中央区日本橋浜町1丁目11番10号
http://www.hamanaka.co.jp
info@hamanaka.co.jp

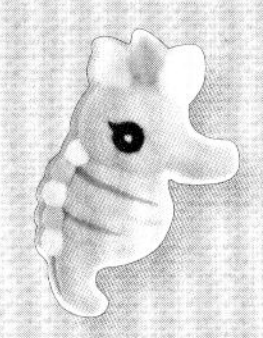

玩・毛氈 01

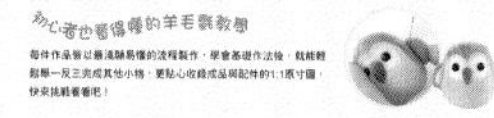

好運定番！
招福又招財の和風羊毛氈小物
作者：FUJITA SATOMI
定價：280元

玩・毛氈 02

一看就想作可愛の羊毛氈小物
羊毛氈刺繡×胸章×吊飾
作者：須佐沙知子
定價：280元

玩・毛氈 03

袖珍屋裡の羊毛氈小雜貨
就愛Zakka！70件可愛布置
授權：日本Vogue社
定價：280元

玩・毛氈 04

手作43隻森林裡的羊毛氈動物
超可愛呦！
授權：日本Vogue社
定價：280元

玩・毛氈 05

1小時完成！
學會21隻萌系羊毛氈小動物
（暢銷新裝版）
授權：BOUTIQUE-SHA
定價：280元

玩・毛氈 06

軟綿綿x甜蜜蜜
33款羊毛氈の甜點小禮物
Present for you！
作者：福田理央
定價：280元

雅書堂 EB新手作

雅書堂文化事業有限公司

22070新北市板橋區板新路206號3樓

facebook 粉絲團:搜尋 雅書堂

部落格 http://elegantbooks2010.pixnet.net/blog

TEL:886-2-8952-4078 ・ FAX:886-2-8952-4084

玩・毛氈 07

童畫風の羊毛氈刺繡
在日常袋物×衣物上戳刺出美麗の圖案裝飾
作者:choco-75(日端奈奈子)
tamayu(加藤珠湖・繭子)
定價:280元

玩・毛氈 08

羊毛氈の52款可愛變身
甜點×動物×玩偶
授權:日本Vogue社
定價:280元

玩・毛氈 09

來玩吧!樂戳羊毛氈の動物好朋友
Baby玩具.雜貨小物の裝可愛筆記書
作者:魏瑋萱
定價:300元

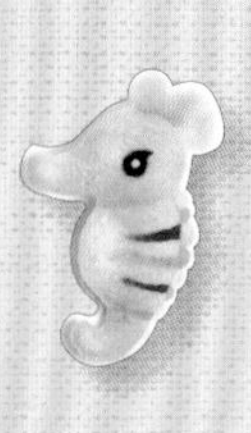

玩・毛氈 10

超萌呦!輕鬆戳29隻
捧在掌心の羊毛氈寵物鳥
作者:宇都宮みわ
定價:280元

玩・毛氈 11

360°都可愛の羊毛氈
小寵物(暢銷版)
作者:須佐沙知子
定價:320元

玩・毛氈 12

圓滾滾&胖嘟嘟の羊毛氈
小鳥玩偶
作者:滝口園子
定價:320元